ÉTUDE

DE

L'ÉPITHÉLIOMA BRANCHIAL DU COU

(BRANCHIOME MALIN DE LA RÉGION CERVICALE)

PAR

Le Dr Victor VEAU

Interne médaille d'or, Prosecteur à la Faculté.

Mémoire présenté au concours pour la médaille d'or
(15 octobre 1899).

PARIS

G. STEINHEIL, ÉDITEUR

2, RUE CASIMIR-DELAVIGNE, 2

1901

ÉTUDE

DE

L'ÉPITHÉLIOMA BRANCHIAL DU COU

(BRANCHIOME MALIN DE LA RÉGION CERVICALE)

IMPRIMERIE A.-G. LEMALE, HAVRE

ÉTUDE

DE

L'ÉPITHÉLIOMA BRANCHIAL DU COU

(BRANCHIOME MALIN DE LA RÉGION CERVICALE)

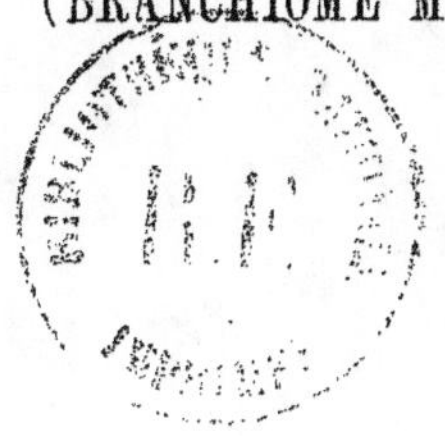

PAR

Le Dr Victor VEAU

Interne médaille d'or, Prosecteur à la Faculté.

———◁◦▷———

PARIS

G. STEINHEIL, ÉDITEUR

2, RUE CASIMIR-DELAVIGNE, 2

—

1901

ÉTUDE

DE

L'ÉPITHÉLIOMA BRANCHIAL DU COU

(BRANCHIOME MALIN DE LA RÉGION CERVICALE)

Introduction.

Il existe au niveau du cou des tumeurs d'une physionomie tout à fait spéciale; elles sont caractérisées :

a) Au point de vue étiologique, par leur apparition à l'âge adulte et leur existence presque exclusive dans le sexe masculin;

b) Au point de vue clinique, par leur malignité toute spéciale;

c) Au point de vue anatomique, par leur siège latéral, leur voisinage immédiat des vaisseaux et leurs adhérences très précoces à la veine jugulaire interne;

d) Au point de vue histologique, par une complexité remarquable, on peut cependant affirmer leur nature épithéliale.

e) Enfin leur point de départ achève de leur donner une place à part dans l'étude des tumeurs du cou. En effet elles ne se développent aux dépens d'aucun des organes de la région. Elles pourraient mériter le nom d'essentielles. On s'accorde généralement aujourd'hui à leur assigner comme point de départ les reliquats de l'appareil branchial.

De ces multiples caractéristiques, cette dernière est la plus importante, c'est elle qui a fait donner à ces tumeurs le nom d'*épithéliomas branchiaux du cou.*

Ces tumeurs ont été nommées pour la première fois par Volkmann « *brangiegene Halscarcinome* ». Reverdin et Mayor ont traduit littéralement en français « carcinome branchiogène ». A cette dénomination je préfère celle d'épithélioma branchial et voici pourquoi.

1° Au point de vue étymologique, le suffixe « gène » vient du grec γενής, qui est engendré. Il est donc grammatical de dire « fièvre hématogène » dans le sens de fièvre produite par un épanchement de sang ; « pigment hématogène », dans le sens de pigment dont l'origine est le sang. Volkmann a eu raison, au nom de l'étymologie, de dire « carcinome branchiogène » dans le sens de carcinome dont l'origine est dans les branchies.

Mais les mots en « gène » ont souvent dans la pratique un sens actif. Cette signification leur vient du créateur du suffixe « gène ». C'est Lavoisier qui le premier employa un mot en « gène », dans « oxygène » mot composé, dit-il, de « όξὺς, acide » et « γειγομαι (sic), j'engendre ». On peut pardonner à Lavoisier d'avoir ignoré le grec et d'avoir confondu γεινομαι avec γειναιω. « Il est regrettable toutefois que « oxygène » ait amené à sa suite un nombre considérable de mots en « gène » où « gène » a la valeur d'un suffixe signifiant producteur (Darmesteter. *De la création actuelle des mots nouveaux dans la langue française*, p. 243). On dit couramment ostéogène, électrogène, photogène, pyrogène, etc. Ce sont peut-être des solécismes, mais l'habitude leur a donné force de loi et l'Académie ne cherche pas à les réformer. Pour ne pas être en désaccord avec cette habitude « au nom de l'étymologie », je préfère ne pas dire branchiogène.

2° Le terme « branchiogène » est très peu employé, Littré ne le donne pas dans son dictionnaire. Il donne : « Branchial, adjectif qui a rapport aux branchies : veines branchiales, artères branchiales. »

3° Le terme « branchial » a, sur le terme « branchiogène », l'avantage d'être déjà employé dans des circonstances analogues. On dit : kyste branchial, fistule branchiale, malformation branchiale, fibro-chondrome branchial, etc., pour désigner un kyste, une fistule, une malformation, un fibro-chondrome, etc., dont l'origine est l'appareil branchial. On dira de même un épithélioma branchial pour désigner une tumeur développée aux dépens de l'appareil branchial.

Ce n'est pas moi, du reste, qui ai créé ce terme de « branchial ». Volkmann a déjà dit : « *branchiogene oder branchial Halscarcinome* ». Reverdin et Mayor ont traduit après lui (*loc. cit.*, p. 165, l. 33) « carcinomes branchiogènes ou branchiaux ». C'est le premier terme qui a prévalu jusqu'à ce jour ; il eût été préférable que ce fût le second.

Enfin je dis, comme Volkmann, épithéliomas branchiaux du cou. Ce n'est pas là un pléonasme pour indiquer le siège de ces tumeurs ; c'est pour montrer qu'il y a d'autres épithéliomas branchiaux, ce sont ceux qui se développent autour de la cavité buccale, dans le médiastin. (Voir *Histologie*.)

HISTORIQUE

C'est *Volkmann* qui créa l'épithélioma branchial du cou. En 1882, dans un mémoire très court intitulé « Das branchiogene Halscarcinome », il rapporte trois observations de tumeurs épithéliales adhérentes à la veine jugulaire interne.

Guttmann, l'année suivante, émit des doutes sur la conception de Volkmann et conclut d'après un cas qu'il avait observé que les épithéliomas branchiaux du cou ne sont que des cancers de lobules aberrants de la glande thyroïde.

Néanmoins *Bruns* se rattache à l'hypothèse de Volkmann et rapporte en 1884 l'observation d'un carcinome branchiogène.

C. Regnault, en 1897, dans une étude sur les tumeurs malignes des vaisseaux, publie une courte observation qui semble être celle d'un épithélioma branchial du cou.

La même année, *Quarry-Sylcock* rapporte sommairement trois observations. Il croit ces tumeurs fréquentes, mais il n'ose affirmer le rôle des arcs branchiaux dans leur production.

Un an plus tard (1888), *Reverdin et Mayor* publient une observation très détaillée de tumeur maligne de la région sous-maxillaire et se prononcent très nettement en faveur de l'origine branchiale.

La même année *H. Richard*, dans un mémoire sur les tumeurs branchiales, rapporte deux observations nouvelles recueillies à la clinique de Bruns. Il introduit une notion des plus importantes : le carcinome branchiogène peut se développer sur un kyste, une fistule branchiale.

Treiberg, Jadynsky, rapportent deux autres observations.

Ammon (1891) consacre sa thèse à l'étude du « carcinome branchiogène »; il rapporte une observation personnelle. Mais on a reconnu plus tard avoir eu affaire à un épithélioma ganglionnaire secondaire à un cancer de l'estomac (Perez).

Le travail le plus important est celui que le *professeur Gussenbauer* publia en 1892, à l'occasion du jubilé de Billroth. Il rapporte huit observations nouvelles et se prononce en faveur de l'origine branchiale. Les observations contiennent des détails très intéressants sur les symptômes, les difficultés opératoires, mais elles sont presque muettes sur la description histologique.

Depuis cette époque l'existence de l'épithélioma branchial est universellement admise en Allemagne. *Eigenbrodt* raconte au Congrès de chirurgie allemande (1894) les difficultés qu'il eut pour extirper une de ces tumeurs. A l'étranger on fait couramment le diagnostic du carcinome branchiogène (les observations de P e r e z en font foi). Et en France cette affection était totalement ignorée !

Cependant en 1897, MM. *Berger, Plauth* montrent qu'à côté de l'épithélioma branchial du cou il faut admettre l'existence des cancers de lobules aberrants de la thyroïde. J'aurai à m'expliquer sur leurs arguments.

Brintet (de M o n t p e l l i e r), en 1898, rapporte deux faits nouveaux de T é d e n a t et fait une revue générale basée sur les vingt et une observations qu'il a recueillies.

Quintrie (de Bordeaux), en 1898, publie une observation d'épithélioma primitif des ganglions du cou.

Enfin un mémoire de *Perez* (avril 1899) contient six observations. C'est le travail le plus intéressant par l'abondance des détails histologiques. P e r e z est le seul auteur qui ait discuté la nature du carcinome branchiogène, mais il a accepté l'hypothèse de V o l k m a n n sans chercher à la vérifier.

José Ribera (de Madrid) publie en 1899 une observation « d'épithélioma du cou » (1).

Ainsi donc, l'épithélioma branchial n'est connu que depuis 1882. Este-ce à dire que cette affection n'existait pas avant cette époque ? On serait tenté de le croire, car les auteurs allemands ne mentionnent que deux observations très célèbres de *Langenbeck*, publiées en 1881 dans un mémoire sur la pathologie des veines (c'est le premier mémoire paru dans les *Arch. f. klin. Chir.*, connues sous le nom d'*Archives de Langenbeck*). Cependant, si les auteurs qui ont écrit sur la question avaient ouvert un recueil d'anatomie pathologique, ils y auraient trouvé un grand nombre d'observations indiscutables mais connues sous un autre nom. C'est l'*épithélioma primitif des ganglions du cou*, le *cancer des parotides accessoires, des sous-maxillaires aberrantes*, le *cancer des vaisseaux du cou*, etc.

En France, ces tumeurs avait été étudiées surtout par *Bergeron* (1872), *Humbert* (1878), *Chambard* (1880-1889). L'attention de *Verneuil* avait été attirée sur elles : la plupart des observations rapportées sortent de son service. Dans les seuls Bulletins de la Société anatomique j'ai réuni huit observations. Elles sont dues à *Blache* (1865), *Kalindero* (1865), *Hayem* (1865), *Rendu* (1869), *Stoicesco* (1873), *Bourdon* (1872), *Nicaise* (1878), *Jouliard* (1898) (2).

___

(1) Jeanbrau (de Montpellier) me disait tout récemment (25 janvier) en avoir observé un cas : il en a étudié les caractères histologiques. L'observation sera publiée très prochainement.

(2) Dans le relevé de ces observations anciennes je n'ai retenu que celles qui contenaient un examen histologique. Et cependant bien des observations anciennes

Pour moi, j'ai entrepris ce travail à l'occasion d'un malade que j'ai observé en 1896 chez M. le professeur Tillaux et sur lequel M. Rieffel, alors chef de clinique, attira mon attention. Depuis ce temps j'ai recueilli 6 observations nouvelles. Je me suis efforcé ici de tracer un tableau du cancer branchial d'après ce que j'ai vu par moi-même et lu dans les auteurs. Je me suis attaché à en préciser le caractère histologique et la pathogénie. J'ai recherché comment se faisait l'inclusion des téguments qui produisent les tumeurs en question. C'est le résultat de ces recherches que j'ai exposé dans mon mémoire de médaille (15 octobre 1899). Sur la demande de M. le professeur Terrier, j'ai publié dans la *Revue de chirurgie* la partie clinique de ce travail.

L'étude de l'épithélioma branchial m'a montré l'analogie de ces néoformations avec les tumeurs mixtes para-buccales dont l'origine est encore bien discutée. Avec mon ami Cunéo j'ai émis l'hypothèse que tous ces néoplasmes avaient la même origine : les téguments inclus lors de l'évolution des arcs branchiaux (*Congrès international de médecine*, Paris, 1900, section de chirurgie).

sont des épithéliomas branchiaux ; j'en suis convaincu par la lecture des faits cliniques. Telles sont les observations de Larrey (1847), Gorre (1842), Tesnière (1842), Testre (1843), Staw (1844), Viscaro (1852), Huguier (1854), Stirel (1858), Perbin (1860), Curling (1861), Poland (1864), etc. Je n'ai pas voulu les retenir, en raison du manque de critérium histologique.

Dans une première partie, CLINIQUE, j'étudierai les caractères macroscopiques de ces tumeurs, ceux que le chirurgien doit avoir présents à l'esprit au lit du malade ou sur la table d'opération : *étiologie, symptômes, évolution, diagnostic, anatomie macroscopique, traitement.*

Dans une seconde partie, HISTOLOGIE, PATHOGÉNIE, EMBRYOLOGIE, j'examinerai quels sont les *caractères microscopiques* de ces tumeurs, ce qui me permettra d'en discuter la *nature,* le *point de départ.* Puis j'étudierai les *bases embryologiques* sur lesquelles repose la théorie que je défends.

PREMIÈRE PARTIE

ÉTUDE CLINIQUE

§ 1. — ÉTIOLOGIE

On serait porté à croire que l'épithélioma branchial est absolument exceptionnel. Tout en reconnaissant que ces tumeurs sont rares, je ne crois pas qu'on doive les considérer comme des curiosités pathologiques. Elles ont été méconnues jusqu'à ce jour parce que nos traités classiques les mentionnent à peine. Mais j'espère qu'à l'avenir le clinicien pensera à elles et les trouvera peut-être fréquentes. « On ne voit, a dit Ranvier, que ce que l'on connaît déjà. »

J'ai réuni dans les recueils d'anatomie pathologique 49 observations d'épithéliomas branchiaux. Et je ne puis m'empêcher d'être frappé de ce fait que les auteurs qui ont écrit sur la question ont pour la plupart observé plusieurs cas [Quarry-Sylcock, 3. — Richard, 3. — Gussenbauer, 8. — Perez, 6. — Moi-même j'ai observé 6 malades atteints de cette affection (1)].

Ajoutons que l'épithélioma branchial n'est pas comme les kystes, les fistules, une tumeur qui se reconnaît par la simple dissection ; il faut le microscope pour l'individualiser. Aussi comprend-on que cette affection ait pu être ignorée si longtemps.

On peut dire qu'il y a deux variétés étiologiques d'épithéliomas branchiaux du cou :

a) Un cancer *primitif :* l'affection d'emblée maligne s'est développée sur un cou normal.

(1) J'ai encore observé 2 malades que je crois être atteints d'épithélioma branchial, en raison de leur histoire clinique. Je n'ai pas voulu rapporter ces observations, car j'ai manqué du critérium histologique. Ces tumeurs étaient inopérables par leur extension, leurs adhérences.

b) Un cancer *secondaire :* le cancer n'est que la transformation maligne d'une tumeur préexistante. Richard a montré que le cancer branchial peut se développer sur un kyste dermoïde, une fistule congénitale. J'admets qu'il peut prendre naissance dans des tumeurs mixtes primitives du cou ; tumeurs encore mal connues, mais dont il existe de nombreux exemples. C'est de la sorte que se peuvent expliquer ces cas de tumeurs bénignes pendant un grand nombre d'années (6 ans : Bourdon ; — 12 ans : obs. VI) qui subitement deviennent douloureuses, augmentent de volume et évoluent dès lors comme une tumeur maligne. Il se passe pour les épithéliomas branchiaux du cou ce qui se passe pour les cancers de la parotide, de la sous-maxillaire, du voile du palais. Nous verrons que ce rapprochement étiologique est pleinement justifié par la structure histologique.

A part cette notion très importante, on ne sait rien de l'étiologie essentielle du cancer brachial du cou, comme du reste de l'étiologie de tous les cancers.

En interrogeant la statistique, on voit que l'hérédité, les antécédents personnels, les professions, les habitudes ne méritent pas d'entrer en ligne de compte.

L'étude de l'*âge* est plus intéressante. On apprend que l'épithélioma branchial du cou est un cancer des gens âgés. Sur 49 observations, je trouve :

De 20 à 30 ans............................	2 cas.
30 à 40 —............................	2 —
40 à 50 —............................	12 —
50 à 60 —............................	28 —
60 à 70 —............................	11 —
70 à 80 —............................	2 —

Il est encore plus curieux de voir que ce cancer s'observe presque exclusivement dans le *sexe masculin*. Je trouve

Homme............................	48 cas.
Femme............................	1 —

il s'agissait alors (Blache) d'une tumeur mixte dégénérée. Cette prédominance chez l'homme est singulière. Peut-être les observations ultérieures rétabliront-elles l'équilibre. Mais cette particularité méritait d'attirer l'attention, car il est incontestable que le cancer bran-

FIG. 1. — Épithélioma branchial du cou.

chial est, comme le cancer de la langue, du pharynx, l'apanage du sexe masculin.

§ 2. — SYMPTOMES

Le malade atteint d'épithélioma branchial du cou est un homme âgé qui se présente avec une tuméfaction de la région carotidienne. Il raconte que cette tumeur existe depuis quelques mois. D'abord mobile et roulant sous le doigt, elle a peu à peu perdu sa mobilité et a augmenté de volume. Les douleurs sont apparues plus ou moins vives, l'état général s'est peu à peu altéré.

Le chirurgien pense immédiatement à un ganglion néoplasique secondaire, il s'évertue à trouver du côté des cavités la cause première de l'affection. Quand ses recherches ont été infructueuses, il peut être assuré qu'il est en présence d'un épithélioma branchial.

Examinons en détail chacun des symptômes que peut présenter cette affection : -

Début. — C'est le plus souvent par hasard que le malade s'aperçoit d'une tumeur siégeant sur les parties latérales du cou au voisinage de l'os hyoïde ou de l'angle de la mâchoire. A ce moment la tumeur est dure, arrondie, mobile ; la peau qui la recouvre n'est jamais adhérente. La malade n'accuse aucune douleur, aucune gêne fonctionnelle. Peu à peu la tumeur augmente et inquiète le patient par son volume ; puis les douleurs apparaissent, variables comme siège, comme intensité.

Bientôt pour la tumeur, pour les douleurs, le patient vient consulter le chirurgien.

Le début peut être différent. — Souvent la tumeur, après s'être accrue lentement pendant quelques mois, évolue plus rapidement et acquiert en quelques semaines un volume considérable. Gussenbauer parle d'un malade chez qui la tumeur a grossi à vue d'œil. — D'autres fois, au lieu d'avoir un accroissement régulier progressif, la tumeur subit des poussées au cours desquelles elle augmente de volume (Gussenbauer, Brintet). — Enfin il arrive que l'épithélioma branchial se développe sur une tumeur préexistante. Le malade dans ce cas possède depuis longtemps, quelquefois même depuis sa naissance, une tumeur qui est tantôt dure (tumeur mixte primitive du cou, Nicaise, Bourdon, obs. VI), tantôt molles (kystes congénitaux, H. Richard). Cette tumeur subitement devient douloureuse et s'accroit ; elle évolue alors comme un cancer branchial. — Dans des cas tout à fait exceptionnels, l'affection débute par des douleurs (Brintet), des troubles respiratoires (Stoïcesco).

La durée de cette période est de deux à six mois.

Signes physiques. — Le cancer branchial du cou se présente avec des signes que nous devons analyser.

A l'inspection, on constate que la tumeur occupe la région carotidienne ; elle apparaît soit au-dessous de l'angle de la mâchoire, soit au niveau de la grande corne de l'os hyoïde. Mais lorsque la tumeur augmente de volume, elle empiète sur les régions voisines ; elle remonte alors en haut dans la région parotidienne, quelquefois jusqu'au lobule de l'oreille (Perez), descend en bas jusque dans le creux sus-claviculaire et même dans le médiastin, peut atteindre en avant la ligne médiane et s'étendre en arrière jusque sous le trapèze.

En règle générale la tumeur a tendance à se développer suivant un axe oblique en bas et en dedans, parallèle au bord antérieur du sterno-cléido-mastoïdien.

La tumeur forme une saillie en rapport avec son volume.

La peau qui la recouvre est presque toujours normale. — L'*ulcération* se produit à une époque très tardive ; aussi est-elle rare dans le cancer branchial. Quelquefois elle est spontanée, due à l'envahissement de la peau. Plus souvent elle est consécutive à l'incision faite par un médecin qui croyait à un abcès. Elle a tous les caractères des ulcérations néoplasiques (fig. 2).

L'*œdème,* la dilatation des veines superficielles, sont exceptionnels malgré les connexions de la tumeur avec la veine jugulaire interne (Langenbeck, Gussenbauer).

Une teinte violacée du côté correspondant de la face est signalée par Jadynsky.

A la *palpation,* il est facile de se rendre compte que la tumeur est profonde, recouverte par le sterno-cléido-mastoïdien. En effet, quand on fait contracter le muscle, la tumeur disparaît ou est refoulée en avant et en dedans.

La *consistance* de la tumeur est variable. Au début elle est dure, souvent d'une dureté de bois. En augmentant de volume elle peut conserver cette dureté, mais plus souvent elle se ramollit et sa consistance varie suivant le degré de ramollissement.

Quelquefois (Volkmann, Perez) la tumeur donne une sensation
de mollesse pseudo-fluctuante, due à des matières fongueuses. Mais
beaucoup plus souvent la tumeur est franchement fluctuante. Elle
a souvent été incisée pour un abcès ; cependant, dans ces cas, on

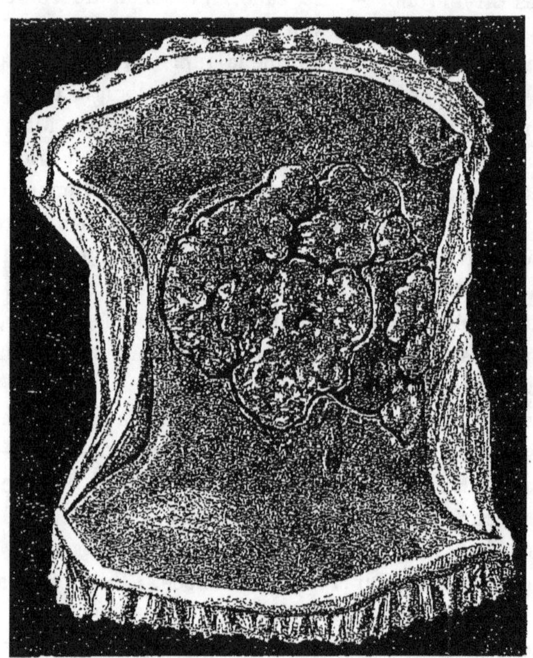

FIG. 2. — Épithélioma des ganglions du cou primitif (Musée de M. E. NICAISE,
hôpital Laënnec). — *Traité de Chirurgie* : DUPLAY-RECLUS, t. I, art. Ganglion,
(LEJARS).

note toujours que la tumeur fluctuante au centre, présentait des
bords très nettement indurés.

Le *volume* est progressivement croissant. Grosse comme une
bille, une noix, quand le malade la reconnaît, la tumeur atteint
bientôt le volume d'un œuf, du poing. Souvent elle ne dépasse pas
ce volume. Quelquefois cependant elle devient grosse comme une
tête d'enfant (Volkmann).

La *forme* du néoplasme peut être précisée par la palpation. Au
début, la tumeur est régulière, comme encapsulée ; elle est nettement

arrondie. Plus tard elle devient ovoïde, son grand axe est alors oblique en bas et en avant, parallèle au bord antérieur du sterno-cléido-mastoïdien. Mais bientôt la tumeur se moule sur les organes qui l'avoisinent et ne tarde pas à leur adhérer.

Les *adhérences* du néoplasme doivent être précisées avec soin. Les adhérences à la peau sont les plus faciles à reconnaître. Au début, la tumeur est toujours indépendante des téguments, c'est là un fait très important qui doit être recherché avec soin ; il permet de différencier les épithéliomas branchiaux des tumeurs de la peau. Les adhérences à la peau sont toujours tardives et même, à une époque très avancée, elles ne sont pas la règle (Reverdin).

Les adhérences au sterno-cléido-mastoïdien, au maxillaire, à l'os hyoïde, au larynx s'observent à une époque plus ou moins avancée et sont souvent très difficiles à préciser.

Au début, la tumeur est donc mobile ; mais, en raison des connexions avec la veine jugulaire interne, la mobilité verticale est moins nette que la mobilité transversale. J'ai observé ce caractère avec une très grande netteté.

Quelquefois la tumeur semble animée de battements. Ce sont plutôt des soulèvements dus aux pulsations de la carotide (Jadynski).

Dans le cas de tumeur kystique on peut observer une pseudo-réduction (obs. I).

L'ascension de la tumeur pendant la déglutition n'est mentionnée que dans les observations de Brintet et de Richard. C'est donc (malgré l'affirmation de Brintet) un symptôme rare.

Examen de la bouche, du pharynx, du larynx, etc. — Cet examen est de la plus haute importance ; sans lui on ne saurait jamais faire le diagnostic d'épithélioma branchial.

En présence d'une tumeur de la région qui nous occupe, le chirurgien devra, avec le plus grand soin, rechercher toute trace de cancer sur les lèvres, la langue, l'épiglotte, l'amygdale, le voile du palais, le pharynx, l'œsophage, le corps thyroïde, les fosses nasales, les glandes salivaires, l'oreille. Il devra penser aux tumeurs malignes de l'estomac, de l'intestin et même examiner le testicule. Lorsqu'un examen très approfondi lui aura révélé l'intégrité de tous ces organes, il sera en droit de faire le diagnostic d'épithélioma branchial.

Quand la tumeur est volumineuse, elle peut refouler la muqueuse du sillon sublingual ; il est absolument exceptionnel qu'elle lui adhère (Reverdin et Mayor). Il est remarquable de voir combien ces néoplasmes ont *peu de tendance à envahir le plancher buccal alors qu'ils adhèrent presque toujours aux vaisseaux, souvent au sterno-cléido-mastoïdien et très tardivement à la peau.*

D'une façon exceptionnelle la tumeur peut faire saillie dans la cavité pharyngienne (Kalindero).

Les auteurs qui ont examiné les *pupilles* n'ont trouvé aucune modification.

Symptômes fonctionnels. — Les symptômes fonctionnels sont beaucoup moins nets que les signes physiques.

La *douleur* est notée dans un grand nombre d'observations ; mais elle apparaît à une époque variable et est d'une intensité très inégale. Elle débute presque toujours quelques semaines ou quelques mois après l'apparition du cancer. C'est d'abord la tumeur elle-même qui est douloureuse à la pression, puis elle devient le siège de sensations permanentes de tension, de battement. Enfin, les douleurs deviennent lancinantes, comparées par les malades à des piqûres d'aiguilles, des coups de lancettes.

Ces sensations locales s'accompagnent d'irradiations dans les régions temporales ou frontales. Les malades le plus souvent croient être atteints de névralgie faciale.

Dans les tumeurs bas situées on peut observer des irradiations dans le bras (Perez). Il est rare que ces douleurs acquièrent une intensité très considérable (Richard, Jadynski, Treiberg). L'absence complète de douleur n'est pas exceptionnelle.

Les *troubles respiratoires* sont notés dans un grand nombre d'observations. Ce n'est le plus souvent qu'une simple gêne au moment des efforts. Mais l'asphyxie peut devenir imminente et, dans deux cas, on dut faire une trachéotomie (Hayem, Gussenbauer).

Les *troubles de là voix* accompagnent presque toujours cette gêne respiratoire. La voix est rauque, bitonale ou même presque éteinte. Il n'est pas exceptionnel d'observer une petite toux sèche et continuelle qui est très agaçante pour le malade (Jadynski, obs. I).

L'examen laryngoscopique, dans ces cas, permettrait sans doute de reconnaître soit un envahissement néoplasique des replis aryténo-épiglottiques, soit un œdème glottique, soit une paralysie de la corde vocale.

La *gêne de la déglutition*, quand elle existe (Kalindero, Jadynski, obs. II), est peu marquée.

Lorsque la tumeur est volumineuse, quand elle a envahi les sterno-cléido-mastoïdiens, elle peut gêner certains mouvements de la tête ou de la mâchoire.

Enfin, dans deux cas, il a été observé une parésie du côté correspondant de la langue (Gussenbauer, Langenbeck).

Les *altérations de l'état général* sont en rapport avec la cachexie cancéreuse.

§ 3. — ÉVOLUTION. COMPLICATION. PRONOSTIC

L'épithélioma branchial du cou a une évolution relativement rapide.

La tumeur, qui avait au début le volume d'une bille, d'une noix, s'accroît d'abord lentement; bientôt elle évolue avec plus de rapidité. Souvent sa marche est comme intermittente sans qu'on puisse attribuer une cause à ces poussées successives. Dans quelques cas rares, l'évolution est si rapide que le malade « voit augmenter sa tumeur » (Gussenbauer).

En général le malade vient consulter le chirurgien de deux à six mois après avoir reconnu l'existence d'une tumeur [1].

Souvent il est déjà trop tard pour intervenir, et le malade succombe en quelques semaines.

Quand l'intervention a été tentée, les chirurgiens n'ont souvent pratiqué qu'une extirpation *sciemment incomplète* et, dans ces cas, la progression de la tumeur a été souvent si rapide que les malades n'ont même pas eu la satisfaction morale de quitter l'hôpital.

D'autres fois le chirurgien a cru pratiquer une *ablation totale*. Il

---

[1] Naturellement je n'ai en vue ici que les cancers d'emblée (voir Étiologie, p. 12) et non ceux qui se développent sur une tumeur préexistante (kystes, tumeurs mixtes).

était intéressant de se demander ce qu'étaient devenus ces malades. Malheureusement, la plupart des observations ici, comme pour les autres cancers, sont muettes sur les résultats ultérieurs. Voici les seuls renseignements que j'ai pu recueillir :

Sur 32 extirpations totales :

5 morts presque immédiates ;

15 sans renseignements ;

10 récidives et morts dans la 1re année ;

2 guérisons après un an (Eigenbrodt, obs. III : opéré de J.-L. Faure).

La récidive s'est produite presque toujours de un à deux mois après l'ablation, et la mort n'a tardé que de quelques mois.

Causes de mort. — *L'intervention* seule peut être meurtrière. Langenbeck a perdu un de ses malades vingt-huit heures après l'opération.

Un des malades de Gussenbauer mourut trois jours après l'intervention de *thrombose de la carotide interne.* Un de mes malades, opéré par M. Rieffel, est mort huit jours après l'opération, probablement pour la même cause.

La mort est presque toujours l'effet de la *cachexie cancéreuse.*

Les malades peuvent aussi être entraînés plus rapidement par une complication. La plus fréquente est *l'ulcération des vaisseaux,* la mort est instantanée. Elle a été observée par Kalindero, Volkmann, Bourdon.

Un malade de M. Rendu est mort *subitement.* M. Laborde, dans ces cas, invoqua l'excitation du vague.

L'asphyxie par *œdème de la glotte* n'est pas exceptionnelle (Hayem, Perez).

Les malades de Verneuil, Stoicesco (1873), de Nicaise (1876) sont morts d'infection purulente.

Dans aucun cas la mort n'a été causée par la généralisation.

La *durée totale* de l'affection, dans les cas qui nous sont connus, est en général de six mois à deux ans (1).

---

(1) Je dois mentionner à part l'observation de Bourdon : la tumeur, qui existait depuis six ans, a été opérée une première fois ; la récidive se produisit un an après. Je n'ai pas la date de la mort. On peut dire que cette tumeur est comme un intermédiaire entre les tumeurs mixtes et le cancer.

On voit donc que le *pronostic* de l'épithélioma branchial du cou est des plus graves, et il semble que cette malignité tienne non seulement à la nature de la tumeur, mais à son siège dans le voisinage des vaisseaux et du nerf vague.

§ 4. — DIAGNOSTIC

Le diagnostic de l'épithélioma branchial du cou est probable, quand on est en présence d'une tumeur maligne de la région caroti-dienne ayant tous les caractères d'un *cancer secondaire* des ganglions et qu'on ne peut trouver le néoplasme primitif.

Aussi, en face d'une affection de cette nature, le premier devoir du clinicien est d'examiner avec un soin scrupuleux les organes dont les cancers peuvent réagir sur les ganglions cervicaux : la langue, les lèvres, le pharynx, le larynx, l'oreille, le corps thyroïde. Les cancers de ces organes déterminent des adénites cervicales qui siègent d'abord dans la région hyoïdienne. Les adénites du cancer de l'œsophage sont plutôt sus-claviculaires. Enfin le cancer de l'estomac, de l'intestin et même du testicule peuvent retentir sur les ganglions du cou.

Il faut savoir examiner le malade avec attention, l'interroger avec beaucoup de soin afin de dépister les formes frustes de ce cancer. Le diagnostic d'épithélioma branchial est d'autant plus ferme que l'on est plus assuré qu'il n'y a pas de cancer primitif. Poncet et Bérard ont insisté récemment sur la forme dite ganglionnaire du cancer du pharynx. Ils ont rapporté deux cas où l'ulcération primi-tive ne fut découverte qu'à l'autopsie dans la loge amygdalienne.

Je rappelle que le travail d'Ammon eut pour point de départ une observation d'épithélioma branchial qui était un cancer ganglion-naire secondaire à un néoplasme de l'estomac.

Mais il est des cas d'une difficulté extrême ; ce sont ceux dans lesquels le cancer branchial a ulcéré le pharynx ou l'œsophage. On ne pourra faire qu'un diagnostic de probabilité quand la tumeur aura précédé de plusieurs mois l'apparition des symptômes fonc-tionnels.

On a bien dit que l'adénite cancéreuse différait de l'épithélioma branchial ; elle serait plus indolente, adhérerait moins rapidement aux organes avoisinants (les observations de Gussenbauer, de Perez sont particulièrement intéressantes à ce point de vue). Mais ce ne sont là que des détails de peu de valeur. Le grand critérium clinique est l'absence dûment reconnue de cancer primitif.

Le *cancer de la peau* peut simuler un épithélioma branchial ulcéré. Mais, en interrogeant le malade, on apprend que la tumeur dès le début appartenait aux téguments. Du reste l'ulcération du cancer de la peau est beaucoup plus précoce que l'ulcération du cancer brachial (1).

Les épithéliomas branchiaux ont été souvent pris pour des *abcès* en raison de leur fluctuation. Cependant, chez ces derniers, l'évolution est en général plus rapide. Ordinairement on peut déterminer la cause de ces abcès. La fluctuation est en général plus manifeste ; et quand on incise une tumeur branchiale ce n'est pas du pus franc qui s'écoule, mais une sérosité chargée de grumeaux où l'examen histologique montre souvent des globes épidermiques (Reverdin et Mayor, Gussenbauer).

Le *sarcome des ganglions lymphatiques du cou* est, lui aussi, une tumeur maligne. Mais il s'observe chez des sujets en général plus jeunes ; il est fréquemment bilatéral. La tumeur est formée par l'agglomération de ganglions longtemps indépendants les uns des autres. L'examen du sang devra être fait avec beaucoup de soin.

Mais il est des cas où le cancer branchial a déterminé une adénite du côté opposé (Perez, Gussenbauer) ; dans les tumeurs déjà anciennes tout est envahi. Souvent alors les caractères des deux affections se rapprochent tellement que c'est le microscope seul qui peut fixer le diagnostic.

La *tuberculose des ganglions* est une affection du jeune âge. Mais elle peut s'observer chez le vieillard ; on l'invoque souvent dans les cas de tumeurs mixtes dégénérées. Cependant en général elle est bilatérale ; la tumeur irrégulière est formée de plusieurs ganglions mobiles ; la marche est plus lente ; enfin elle s'observe chez la femme aussi bien que chez l'homme

---

(1) On conçoit cependant, d'une façon tout à fait théorique, qu'il puisse exister des débris embryonnaires superficiels sous-cutanés. Les néoplasmes de ces débris vont créer des cancers dont le diagnostic avec le cancer de la peau sera absolument impossible.

On pourrait penser à la *syphilis* dans les cas où le malade en serait atteint. Il suffira alors de faire l'épreuve du traitement.

Les *tumeurs du sterno-cléido-mastoïdien* peuvent être prises pour un épithélioma branchial par un chirurgien non prévenu, et le diagnostic doit être très difficile quand la tumeur adhère au muscle. Mais ces tumeurs sont tellement rares ! En faisant préciser le mode de début, on arrivera en général à reconnaître l'indépendance du muscle.

Au début du cancer branchial on pourrait croire à un *fibrome du cou*. De Quervain (1899) leur a consacré un important mémoire. Ritter (1899) les a distingués des goitres aberrants. Lœvy et Lœper ont montré que ces tumeurs pouvaient se transformer en tumeurs malignes.

Le fibrome du cou est une tumeur mobile, régulière et théoriquement bénigne. Son point de départ est des plus variables et souvent il a été impossible de le préciser.

Je crois qu'il serait bon de reviser cette question. On a appelé fibrome du cou des tumeurs qui sont probablement des tumeurs mixtes primitives de la région cervicale, de même qu'on a souvent appelé fibrome de la parotide (Rodriguez), de la sous-maxillaire (Talazac) les tumeurs mixtes de ces glandes. L'avenir nous montrera quelle est la part des débris embryonnaires dans la production de ces tumeurs mal définies.

Le *lipome du cou* (Phocas, Völckers) est en général facile à reconnaître. Dans des cas exceptionnels il est assez dur pour entraîner des phénomènes de compression.

Paltauf a décrit des *tumeurs de la glande carotidienne*. Ce sont des néoplasmes très rares (5 obs.). Ils sont moins malins que le cancer branchial et siègent toujours exactement dans la bifurcation de la carotide primitive. Le diagnostic de cette affection doit être des plus délicats (p. 56).

Il existe au niveau du cou un groupe de tumeurs très hétérogènes qu'on désigne sous le nom de *kystes sanguins du cou*. Ce sont, en général, des tumeurs bénignes. Leur nature est variable. Ce sont : soit des angiomes (Farabeuf, Reclus), soit des anévrysmes, soit des dilatations veineuses simples, soit des ganglions ramollis devenus le siège d'une hémorrhagie, soit enfin de véritables épithéliomas branchiaux comme j'en ai observé deux exemples. C'est dire que les caractères de ces tumeurs sont essentiellement variables.

Très délicate est la distinction du cancer branchial avec les cancers de la *glande sous-maxillaire* et de la *parotide*. Ils ont tous la même évolution, les mêmes symptômes. C'est par le siège seul que l'on peut faire le diagnostic. Si on examine le malade tout au début de l'affection, il est déjà souvent difficile de préciser la situation de la tumeur et d'affirmer son indépendance de la sous-maxillaire et de la parotide. A plus forte raison le diagnostic devient absolument impossible à une époque tardive.

Quand le cancer branchial a envahi une de ces glandes, on croirait peut-être que l'on peut, à l'aide du microscope, poser un diagnostic. Il n'en est rien. Il existe dans ces glandes deux sortes de cancers : un cancer glandulaire, qui est un épithélioma alvéolaire, et un cancer spécial, véritable tumeur mixte dégénérée. La première variété est facile à distinguer, mais la seconde est absolument identique au cancer branchial. En résumé, quand la tumeur a envahi une glande, rien ne permet de faire le diagnostic d'épithélioma branchial.

L'inflammation chronique de la glande sous-maxillaire peut simuler absolument le cancer branchial. Dirani a insisté récemment sur la fréquence de ces tumeurs inflammatoires et sur les difficultés du diagnostic. Kuttner, Barling en ont rapporté plusieurs cas. J'en ai observé un bel exemple dans le service de M. Terrier. L'opération fut faite par mon ami Cunéo (1898).

Homme, 51 ans. La tumeur a débuté il y a quatre ans, sous l'angle de la mâchoire. Actuellement la tuméfaction descend jusqu'à l'os hyoïde et s'étend depuis le bord antérieur du sterno-cléido-mastoïdien jusqu'au creux sous-maxillaire. En haut, elle soulève le plancher buccal. L'état général est bon. L'extirpation a été des plus pénibles. La tumeur adhérait de toutes parts ; la veine jugulaire fut disséquée. On ne vit pas l'artère. Le malade guérit. L'examen histologique montra une abondante infiltration de cellules autour des acini à peine modifiés. Je crois être en présence d'une inflammation chronique. Je ne pense pas à la syphilis en raison de l'intégrité des vaisseaux. En l'absence de toute cause, je pencherais vers la lithiase.

Il est impossible de distinguer l'épithélioma branchial du *cancer aberrant de la thyroïde :* « Les symptômes sont ceux d'une tumeur kystique maligne à marche rapide qui envahit la peau, s'infiltre dans les plans profonds et s'ouvre rapidement à l'extérieur. »

(Berger.) On verra plus loin (chap. Pathogénie) ce qu'il faut penser de ces diagnostics.

J'arrive maintenant à une série de tumeurs qui peuvent se transformer en épithéliomas branchiaux. Le diagnostic en est des plus délicats.

Les *tératomes du cou* sont des raretés cliniques. Ils s'observent le plus souvent dès la naissance. En général ils sont durs et restent stationnaires. Mais ils peuvent subir des transformations malignes et évoluer dès lors comme un épithélioma branchial (Pupovac, Walravens, Hagenbach, Burckhardt, Munker).

Les *fistules congénitales*, les *kystes dermoïdes* ou *mucoïdes* ne ressemblent en rien à l'épithélioma branchial ; mais ils peuvent s'enflammer, formant des abcès qui sont quelquefois difficiles à distinguer de l'épithélioma branchial. Enfin ces fistules, ces kystes, peuvent subir une transformation maligne et devenir de vrais épithéliomas.

Il en est de même des *tumeurs mixtes primitives du cou* (Pozzi). L'âge de leur apparition, la lenteur de leur évolution permettent avec la plus grande facilité de les distinguer du cancer branchial. Mais ces tumeurs peuvent, elles aussi, devenir malignes.

A quel signe pourra-t-on reconnaître la transformation ? C'est là un point très délicat et qu'il serait très important de pouvoir préciser. Quand la tumeur devient douloureuse et s'accroît rapidement, on est en droit de redouter une transformation. Il faut immédiatement intervenir et ne pas attendre que la marche de l'affection vienne justifier des craintes trop légitimes.

§ 5. — ANATOMIE MACROSCOPIQUE

Aspect extérieur. — La *forme* de la tumeur au début est assez régulièrement sphérique ; elle est comparée à une bille. Plus tard elle devient ovoïde. La masse néoplasique est souvent bosselée, irrégulière ; sur la tumeur principale s'implantent des tumeurs accessoires rattachées par un pédicule quelquefois très grêle. Mais lorsque la tumeur est devenue volumineuse, sa forme est absolument irrégulière en raison des prolongements qui se développent entre tous les organes et surtout en raison des adhérences qui ne permettent pas de préciser des limites.

Le *volume* du néoplasme est en rapport avec son développement. La tumeur quand elle est reconnue, est grosse comme une bille, une noix ; elle acquiert bientôt les dimensions d'un œuf, d'une orange. Quelquefois le malade meurt de cachexie avant que la tumeur ait dépassé ce volume. Mais le néoplasme peut acquérir des proportions beaucoup plus considérables ; il peut atteindre le volume d'une tête d'enfant et même d'adulte.

Aspect intérieur. — Une coupe montre que la tumeur est formée par un tissu blanc lardacé fasciculé (Volkmann), comparable à celui du cancer du sein. En se développant, le néoplasme peut conserver cette structure ; il forme alors une masse dure qui donne à la coupe une apparence plus ou moins homogène.

Fréquemment la tumeur se ramollit. Son centre est formé par une masse caséeuse ; elle ressemble alors à un ganglion tuberculeux. Par ce fait les épithéliomas branchiaux se rapprochent de certaines formes de tumeurs mixtes des glandes salivaires.

Souvent la tumeur forme un *kyste* renfermant un liquide séro-sanguinolent chargé de grumeaux, ou même du sang pur (obs. I et II). Les parois de ces pseudo-kystes ont une épaisseur qui peut atteindre plusieurs centim. La surface interne est presque toujours tomenteuse, irrégulière, tapissée de bourgeons souvent exubérants. Dans le cas où l'épithélioma branchial s'est développé sur un kyste préexistant, la paroi est lisse et mince dans une certaine étendue et présente en un point le bourgeonnement caractéristique.

Rapports. — Il est important de préciser les connexions primitives de la tumeur. L'épithélioma branchial se développe toujours au voisinage de la grande corne de l'os hyoïde. Quand il prend naissance au-dessous de cet os, il se rapproche du cartilage thyroïde et se place en dedans des vaisseaux carotidiens (Volkmann, Rendu). Quand la tumeur prend naissance au-dessus de l'hyoïde, elle s'éloigne de la ligne médiane et se place à la partie postérieure du creux sous-maxillaire, très souvent sous l'angle de la mâchoire, toujours en dehors des vaisseaux. En résumé, ces tumeurs semblent se développer en un point quelconque d'une ligne étendue de l'angle de la mâchoire au cartilage cricoïde, par conséquent parallèle au bord antérieur du sterno-cléido-mastoïdien.

En raison de son accroissement, la tumeur peut s'étendre dans les régions avoisinantes, soit que des prolongements se développent, soit que le néoplasme envahisse les organes avoisinants. — *En dedans,* la tumeur peut atteindre et dépasser la ligne médiane ; elle dévie alors le conduit laryngo-trachéal. (Dans un cas de Kalindero, la saillie du cartilage thyroïde répondait à une verticale abaissée de l'angle de la mâchoire.) — *En haut,* la masse néoplasique peut s'étendre dans la région parotidienne et même atteindre l'apophyse mastoïde ; elle recouvre quelquefois le bord inférieur du maxillaire inférieur (Reverdin et Mayor, Richard). Un des prolongements les plus intéressants est celui qui existe du côté de l'apophyse styloïde (Volkmann). — *En arrière,* la tumeur peut envahir la nuque, s'insinuant au-dessous du sterno-cléido-mastoïdien et du trapèze. — *En bas,* elle peut s'étendre jusqu'à la clavicule et même descendre derrière l'articulation sterno-claviculaire (Perez), dans le médiastin (Hayem). — *Profondément,* enfin, la tumeur envoie des prolongements qui s'insinuent entre les organes. Fréquemment un de ces prolongements s'avance vers le larynx, repousse en dehors les vaisseaux et arrive au contact du pharynx. D'autres fois le prolongement se développe en dehors des vaisseaux, s'avance jusque sur les muscles scalènes et entre en contact avec le plexus brachial, le nerf phrénique (Langenbeck).

Les connexions de la tumeur avec les organes qui l'entourent peuvent se faire de deux façons : par simple contact, par envahissement néoplasique.

Dans le premier cas, la tumeur possède comme une capsule. Celle-ci existe toujours au début, mais le processus néoplasique ne tarde pas à l'envahir. Alors la tumeur envahit les organes avoisinants.

Adhérences. — Les adhérences à la *veine* sont presque constantes, et ce fait est un des plus intéressants dans l'étude de l'épithélioma branchial. Il est noté dans 28 observations. Les adhérences se font sur la face antérieure du vaisseau, en général au niveau du tronc thyro-lingo-facial; elles sont précoces, elles existent dans les tumeurs du volume d'une noix, encore complètement indépendantes des organes avoisinants. Elles se font sur une étendue de 2 à 5 centimètres (dans un cas de Gussenbauer on dut réséquer la veine sur une longueur de 18 centimètres).

Je remarque ce fait : dans deux cas seulement (Perez, Richard) on a observé une thrombose du tronc; ce qui semblerait indiquer que le processus néoplasique n'a pas envahi les parois. Ce seraient donc des adhérences de nature spéciale qui tiendraient au développement de la tumeur sur un organe adhérent à la veine. Ce fait semble bien montrer que le néoplasme n'est pas une tumeur primitive du vaisseau, contrairement à ce qu'avait pensé Langenbeck en 1861.

Dans quelques cas, ce n'était pas le tronc qui était adhérent, mais les rameaux tout près de leur terminaison. Ces rameaux ont été sectionnés au cours de l'intervention et, comme on ne pouvait pas pincer et lier le bout central, on dut lier le tronc lui-même.

Les adhérences à l'*artère* sont beaucoup moins fréquentes que les adhérences à la veine. Elles se font soit au niveau de la carotide primitive, soit un peu plus haut sur la carotide externe. Elles ne remontent pas au-dessus de l'origine de la linguale. Elles peuvent se faire avec la face postérieure de l'artère (Gussenbauer).

Il est un fait important : les adhérences à l'artère n'existent jamais sans des adhérences à la veine, ce qui semblerait indiquer que celles-ci sont toujours primitives et celles-là secondaires.

Les connexions du néoplasme avec l'artère peuvent aboutir à la production d'une ulcération. Dans un cas de Kalindero, l'orifice siégeait sur la carotide externe, au-dessus de l'origine de la thyroïdienne supérieure.

Les adhérences de la tumeur avec les *nerfs* sont presque aussi fréquentes. Elles se font principalement avec le nerf pneumo-gastrique. Le tronc peut être accolé à la masse néoplasique, plus ou moins difficile à disséquer ; il peut aussi être inclus dans le tissu de nouvelle formation. Gussenbauer, dans un cas de ce genre, dut faire une incision libératrice. Le processus néoplasique peut avoir envahi le nerf dissociant ses fibres. Ergenbrodt, Gussenbauer durent faire la résection du vague sur une longueur de près de 10 centimètres.

Gussenbauer, dans un autre cas, put se contenter de supprimer la moitié du nerf.

Les adhérences avec les *muscles* sont beaucoup plus fréquentes. On peut dire qu'elles sont presque la règle quand la tumeur acquiert un certain volume. Ces adhérences se font presque toujours avec le sterno-cléido-mastoïdien et en général au niveau du tiers moyen ; dans plus de la moitié des cas où on est intervenu, on dut réséquer une partie du faisceau charnu. Gussenbauer l'extirpa même dans toute son étendue. Plus rarement la tumeur a envahi le muscle digastrique, soit le ventre antérieur (Reverdin et Mayor), soit le ventre postérieur.

Les adhérences à la *peau* se produisent toujours à une époque tardive. Souvent même (Reverdin, Volkmann), alors que la tumeur adhère de toute part, la peau est encore indépendante. Cet envahissement cutané aboutit à la production d'ulcération unique ou multiple (Nicaise, fig. 2).

La glande *sous-maxillaire* est quelquefois au contact direct de la tumeur plus ou moins étalée à sa surface, refoulée presque toujours en haut et en dedans. Il est exceptionnel qu'elle soit envahie par le processus néoplasique (1) (Reverdin, Bourdon, Gussenbauer). Il est encore plus exceptionnel de constater la participation de la parotid

Le *corps thyroïde* est toujours indépendant de la tumeur. Dans 2 cas il y avait en même temps un goitre léger (Perez, Gussenbauer).

Les adhérences avec les *os* sont rares. Elles peuvent se faire avec la face interne de la branche horizontale du maxillaire inférieur. Perez, Reverdin durent réséquer une partie de l'os. D'autres fois la tumeur adhère à l'os hyoïde : dans un cas (Richard) la grande corne faisait saillie dans l'intérieur de la cavité kystique.

Le *cartilage thyroïde* peut aussi être fusionné avec la masse néoplasique. D'autres fois la tumeur s'insinue entre le cartilage et

(1) Il convient de faire remarquer que ces envahissements ne sauraient être que tardifs. Si, au cours d'une première intervention, on trouve une glande envahie, on n'est pas en droit de faire le diagnostic d'épithélioma branchial ; on doit penser à une tumeur de la glande. Dans les cas que je rapporte, l'envahissement a été constaté à l'autopsie, alors qu'une intervention avait montré l'intégrité de l'organe.

l'os hyoïde, adhère à la membrane thyro-hyoïdienne, l'envahit et peut même la perforer (Stoïcesco).

De même le néoplasme peut adhérer, envahir et perforer la *paroi pharyngienne* (Nicaise, Kalindero, obs. II).

Il est remarquable de constater que la tumeur adhère plus souvent au pharynx qu'à la muqueuse buccale. Dans une seule observation (Reverdin et Mayor) la muqueuse du sillon sublingual était envahie par une tumeur récidivée volumineuse qui avait englobé tous les organes.

Ganglions. — Les *ganglions* sont rarement atteints dans l'épithélioma branchial (9 fois sur 48). Ils siègent alors soit au-dessous de la tumeur dans le creux sus-claviculaire, soit au-dessus d'elle dans le creux parotidien. Quelquefois les deux groupes sont pris simultanément (Gussenbauer); jamais ces ganglions n'ont pris un volume très considérable. Rendu, Perez, Gussenbauer ont rapporté des observations dans lesquelles les ganglions du côté opposé étaient envahis. Ces cas, heureusement, sont rares, car ils sont très difficiles et même impossibles à distinguer du lympho-sarcome. Il importe de remarquer que tous les ganglions hypertrophiés ne sont pas des ganglions néoplasiques; ils ne sont souvent qu'inflammatoires (Quarry-Sylcock, obs. II). Ces faits s'observent surtout dans les tumeurs ulcérées.

La *généralisation* est exceptionnelle. Il en est de l'épithélioma branchial comme du cancer de la langue, du pharynx. Je ne trouve que deux observations bien nettes. Perez et Gussenbauer ont trouvé, à l'autopsie, des noyaux métastatiques dans le foie, dans le poumon.

§ 6. — TRAITEMENT

La gravité du cancer branchial du cou montre assez que l'intervention doit être pratiquée aussitôt que le diagnostic est posé et que l'ablation doit être aussi large que possible.

Le traitement pourra être préventif dans les cas de fistules, de kystes, de tumeurs mixtes. La possibilité d'une transformation maligne est un argument de plus en faveur de l'ablation de ces tumeurs.

L'extirpation sera tentée toutes les fois qu'on la croira possible.
Alors il faudra faire une extirpation large. On sera presque toujours
obligé de réséquer la veine; cette pratique est sans danger. L'artère
sera respectée quand on le pourra. Son ablation peut entraîner des
accidents cérébraux (Gussenbauer). Il ne faudra pas en faire la
ligature pour prévenir ou arrêter l'hémorrhagie; cette pratique a causé
la mort d'un de mes malades. On sera quelquefois obligé de réséquer
le vague. Il semble que ce soit là un acte moins dangereux que la
ligature de la carotide primitive. Eigendrodt, Gussenbauer l'ont
exécuté sans accidents. J'ai vu une femme à qui M. Morestin a
extirpé ce nerf sans inconvénient. Presque toujours on devra enlever
une partie des muscles avoisinants. Dans quelques cas la peau adhérente dut être réséquée sur une telle étendue qu'on ne put fermer la
plaie. Jordan (obs. de Perez) tenta une autoplastie qui échoua. Il
vaudrait mieux, dans ces cas, ne rien avoir entrepris.

En effet, il est des cas où toute intervention est contre-indiquée.
La tumeur trop volumineuse adhère de toutes parts. L'état général
est trop mauvais. Il faut alors savoir s'abstenir. « Il est une chose
encore plus mauvaise que de laisser mourir son malade, c'est de le
tuer. » (Prof. Tillaux.)

Dans ces cas on sera quelquefois appelé à faire une trachéotomie
pour éviter l'asphyxie. Mais toujours on devra calmer les douleurs
de ces malheureux à l'aide de toutes les ressources de la thérapeu-
tique. A ces infortunés qui doivent bientôt mourir on ne refusera
jamais la morphine, qui soulage, même aux dépens de l'existence.

DEUXIÈME PARTIE

HISTOLOGIE. — PATHOGÉNIE. — EMBRYOLOGIE

§ 1. — HISTOLOGIE

Les épithéliomas branchiaux du cou sont remarquables au point de vue histologique par leur polymorphisme. En certains points ils ont la structure de l'épithélioma type et rappellent tantôt le cancer tégumentaire, tantôt le cancer glandulaire. En d'autres points ils ont les caractères du sarcome. Ils renferment souvent des tissus adultes nettement différenciés comme le cartilage. Ce sont des tumeurs essentiellement complexes, mixtes par leur structure. Elles rappellent certaines tumeurs très fréquentes de la parotide, la sous-maxillaire... etc. J'ai démontré avec mon ami Cunéo (*Cong. intern.*, Paris, 1900) que tous ces néoplasmes sont de même nature. Ils sont tous développés dans les restes embryonnaires inclus lors de l'évolution des arcs branchiaux.

Dans cette étude histologique qui servira de base à la discussion pathogénique, j'étudierai :

1° Les cellules fondamentales ;

2° Un stroma comprenant :

    a) Du tissu myxomateux et cartilagineux ;

    b) Du tissu conjonctif ;

    c) Des vaisseaux.

Cette description sera faite principalement avec ce que j'ai vu (voir obs. personn.). En effet, les auteurs qui ont rapporté des observations de cancers branchiaux sont presque muets sur les caractères histologiques de leurs tumeurs. Mayor, Perez sont à peu près les seuls qui ne se soient pas contentés d'un diagnostic histologique.

V.

1o Cellules fondamentales (1). — Les cellules fondamentales se présentent sous des aspects divers. J'étudierai successivement :

    a) La morphologie de ces éléments cellulaires ;

    b) Leur mode de groupement ;

    c) Leur évolution, en insistant plus particulièrement sur leur dégénérescence.

    a) Morphologie. — La morphologie de ces cellules fondamentales

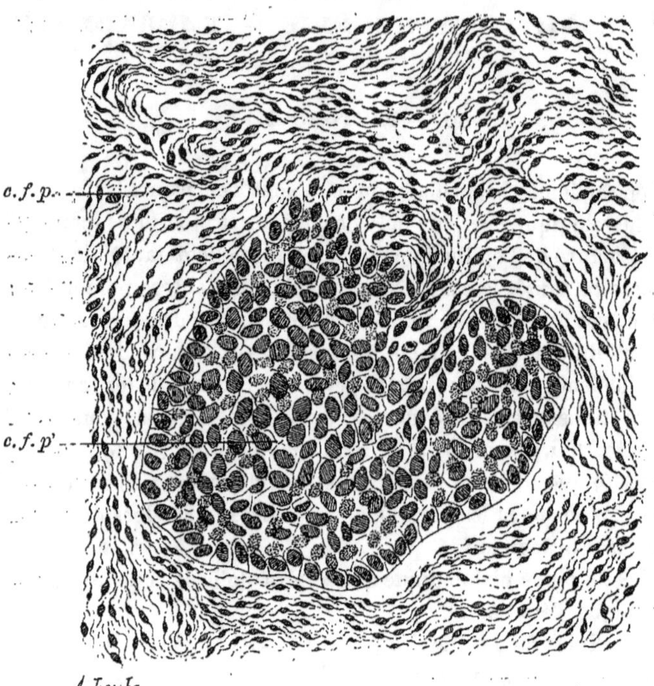

Fig. 3. — *c. f. p.* Cellules dissociées dans le stroma, qui contrastent avec *c. f. p'*, cellules nettement épithéliales réunies en amas.

est essentiellement variable. Ce sont des éléments dont le volume va de 5 à 20 μ. Ils sont cubiques ou ronds, ovales ou en croissant, fusiformes ou étoilés, cylindriques ou polygonaux. J'ai observé sur mes

(1) Je donne actuellement à ces éléments le nom de cellules fondamentales pour ne pas préjuger de leur nature. Nous verrons, lors de la discussion, que ce sont des cellules épithéliales.

coupes toutes les formes qu'ont décrites Bosc et Jeanbrau dans les tumeurs de la parotide.

Je ne veux pas insister sur cette morphologie, car tous les auteurs s'accordent à lui refuser une valeur diagnostique.

Je tiens à rappeler (obs. I, fig. 3) que quelquefois les cellules fondamentales sont polygonales, tassées les unes contre les autres sans aucune substance intermédiaire. Souvent, il est vrai, les cellules sont étoilées, anastomosées par leurs prolongements et comme dissociées dans le stroma conjonctif (fig. 4). Fréquemment les cellules sont étirées, aplaties. Cet aspect a un intérêt particulier, car nous verrons que les partisans de la théorie conjonctive en font un argument en faveur de la nature endothéliale de nos tumeurs.

Le noyau est en général volumineux et possède plusieurs nucléoles.

Le protoplasma est clair, quelquefois très peu abondant; il présente souvent des vacuoles. Ces cellules prennent bien les colorants.

b) GROUPEMENT. — La disposition de ces cellules prime de beaucoup leur aspect individuel.

Elle se présente sous différents types :

α. — Type diffus ;

β. — Type en boyaux anastomosés ;

γ. — Type en revêtement continu d'une grande cavité ;

δ. — Type en amas nodulaires où se voient les dégénérescences.

α. — Dans le *type diffus* les cellules fondamentales sont isolées dans le stroma conjonctif ou myxomateux. On peut facilement les distinguer des cellules conjonctives par leur forme, leurs noyaux. En revanche, lorsque le stroma a subi la transformation myxomateuse il devient très difficile de distinguer les éléments constituants de ce tissu des vraies cellules fondamentales. Nous aurons d'ailleurs à nous demander plus loin si ces cellules ne contribuent pas pour leur part à la formation de ce tissu si spécial.

β. — Souvent les cellules fondamentales forment des *traînées* qui s'anastomosent en un réseau plexiforme (obs. I, fig. 4). Ce réseau a été bien vu par Perez qui attachait une grande importance à cette disposition plexiforme. Les cellules tendent alors à s'allonger parallèlement à l'axe des traînées. Elles se disposent sous plusieurs couches. Ces boyaux ne présentent pas de lumière centrale. Parfois cependant, ce' centre se colore moins fortement. Les noyaux deviennent plus gros, les cellules se dissocient et peuvent dégénérer complètement.

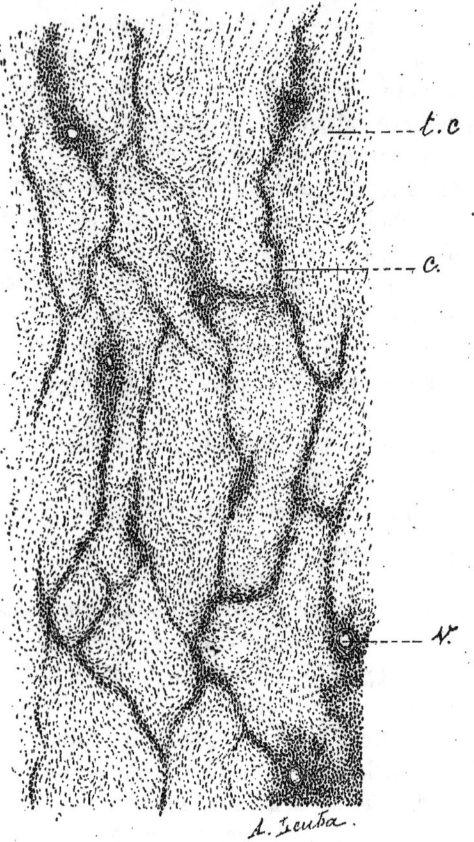

Fig. 4. — Réseau de cellules (c.), séparées par du tissu conjonctif (t. c.), réunies par places autour des vaisseaux (V.).

Dans un seul cas, j'ai vu une lumière nette, limitée par des cellules d'apparence endothéliale (voir p. 47).

γ. — Le type en *revêtement continu* s'observe lorsqu'il existe dans la tumeur une grande cavité kystique (obs. I). Les parois de cette cavité sont tapissées par une couche de cellules fondamentales

d'aspect manifestement épithélial. Les cellules polygonales par tasse-
ment réciproque sont disposées en un grand nombre de couches.
Par places, ce revêtement est séparé des couches profondes par une
membrane basale; il arrive même que la couche se détache sous
forme de lambeaux.

Cette couche envoie dans le stroma des boyaux pleins qui rappellent
de tous points les traînées que l'on observe dans les épithéliomas de
revêtement. Cette disposition donne l'impression d'un kyste congénital (dermoïde ou mucoïde) en voie de transformation.

Il est remarquable de trouver tous les intermédiaires entre les
cellules manifestement épithéliales et les cellules du type diffus
dissociées dans le stroma (fig. 3). Ce fait doit nous montrer la parenté
étroite qui existe entre ces cellules; il peut nous faire admettre que
ces tumeurs souvent dissemblables ont une unité d'origine.

ò. — Dans d'autres cas, les cellules fondamentales forment des
amas nodulaires de volume très variable. Les limites de ces amas sont
toujours peu nettes; il n'y a jamais de membrane d'enveloppe, les
cellules constituantes se continuent insensiblement avec les cellules
isolées, disséminées dans le stroma. C'est là un fait important, car
une fois de plus, nous trouvons une preuve de l'étroite parenté, pour
ne pas dire identité des éléments en question.

Ces amas nodulaires sont surtout intéressants par les modes divers
de dégénérescence que peuvent présenter leurs cellules constituantes.

c) Évolution. Dégénérescence. — L'évolution des cellules fondamentales, leur dégénérescence doivent être étudiées avec soin, car
elles ont une importance primordiale dans la discussion sur la nature
de nos tumeurs.

Les cellules peuvent se nécroser ou présenter de la dégénérescence
graisseuse. Nous n'insisterons pas sur ces transformations qui n'ont
rien de spécial. Parfois les amas tendent à produire des *globes
épidermiques* ou des *vésicules colloïdes.*

α) *Globes épidermiques.* — Les globes épidermiques se présentent
sous trois aspects : les globes épidermiques types avec éléidination;
les globes épidermiques sans éléidination (globes muqueux de
certains auteurs) ; les globes épidermiques inversés.

L'apparition de globes épidermiques avec ou sans éléidination est chose extrêmement fréquente dans les épithéliomas branchiaux. Dans

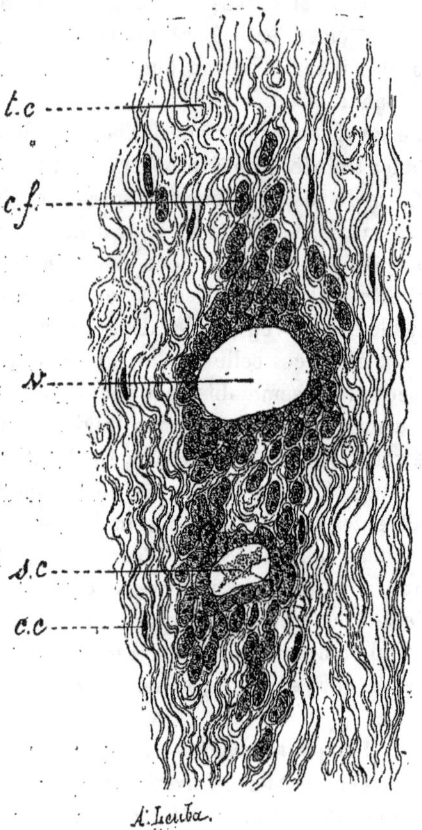

FIG. 5. — *t. c.* Tissu conjonctif qui sépare les cellules fondamentales (*c. f.*) réunies en vésicules (*v.*) avec sécrétion muqueuse (*s. c.*). — *c. c.* Cellules conjonctives.

les observations les plus sommaires leur présence est notée. Je ne les ai trouvés que dans 2 cas. Ils se produisent en général dans les parties vieilles de la tumeur, du côté central dans les points qui vont tomber en deliquium. C'est pourquoi les auteurs les ont observés si souvent dans les produits de sécrétions des tumeurs ulcérées ou non. Leur constatation a permis, dans plusieurs cas, de faire un diagnostic.

Ces globes épidermiques atteignent rarement un grand volume.
Je ne les ai pas vus dépasser 40 μ.

Je n'ai observé qu'un cas de globes épidermiques inversés (obs. IV).

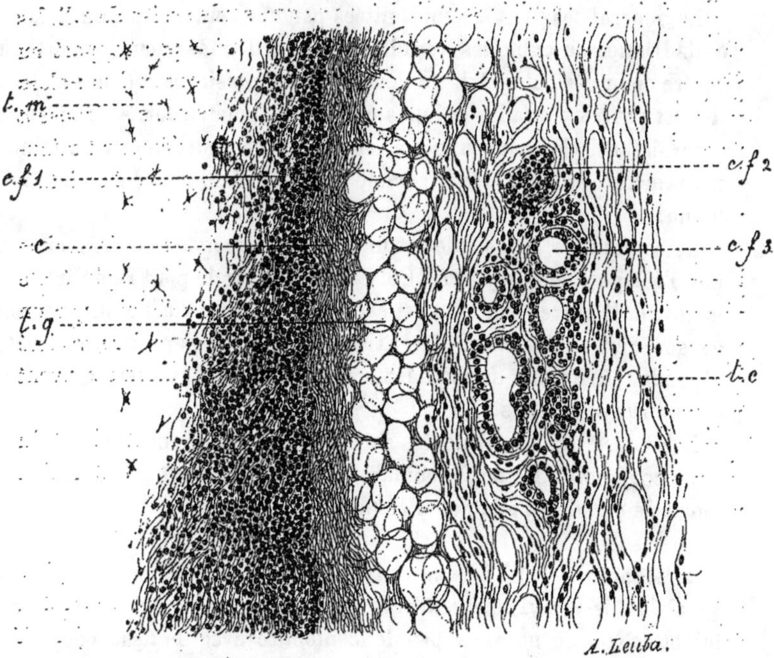

Fig. 6. — Coupe au niveau de la capsule de la tumeur pour montrer la bordure
des cellules fondamentales et les connexions de ces cellules avec le tissu myxomateux central.

t. m. Tissu myxomateux central formant la masse principale de la tumeur. —
c. f. Cellules fondamentales qui forment une bordure sous la capsule (c. f. 1) et
se confondent avec le tissu myxomateux. Par places elles ébauchent des vésicules. — c. f. 2. Cellules fondamentales diffuses dans le tissu conjonctif en dehors
de la capsule et se disposant par places en véritables vésicules c. f. 3. — c. Capsule
de tissu conjonctif très nette. — t. g. Tissu graisseux. — t. c. Cellules de tissu
conjonctif.

La partie kératinisée occupait la périphérie. Le centre était formé
par des cellules dont la transformation était moins avancée. Cette
disposition a été observée et bien décrite par P a v i o t et G e r e s t
dans un épithélioma du thymus.

β). *Vésicules colloïdes.* — La formation de vésicules colloïdes est un phénomène fréquent dans les épithéliomas branchiaux du cou.

En général ces cavités sont limitées par une seule assise de cellules cylindriques ou cubiques régulièrement ordonnées par rapport au centre de la vésicule. Mais on peut observer plusieurs couches : alors il n'est pas rare que les cellules centrales s'aplatissent, se disposent en croissant. Ce sont ces formations que les auteurs décrivent minutieusement et regardent comme caractéristiques de l'endothéliome.

Le contenu de la vésicule est une masse homogène colorée en rose par l'éosine hématoxylique. Cette masse centrale peut remplir toute la cavité. D'autres fois elle est séparée de la zone cellulaire par un espace qui semble vide. Cornil a montré que la première variété répondait à un état de moindre activité. La cavité renferme souvent des débris cellulaires.

Il est rare que ces vésicules soient isolées et au contact direct du tissu conjonctif. Presque toujours elles apparaissent au centre d'un amas de cellules fondamentales (fig. 5).

2° **Stroma.** — a) Tissu myomateux. — Je décris dans un chapitre spécial le tissu myxomateux pour montrer quelle importance on doit lui attacher. Je ne veux pas le confondre avec le tissu conjonctif dont on s'accorde à le regarder comme une dégénérescence.

Le tissu myomateux, en effet, existait dans tous les cas que nous avons étudiés. Cependant les auteurs qui se sont occupés du cancer branchial en font à peine mention. Kiener l'a observé dans un cas de Brintet. Perez n'en parle pas, mais ses figures le représentent.

Dans nos tumeurs le tissu myxomateux existe à des états différents de pureté.

En certains points il se présente sous un aspect tout à fait typique. Il est essentiellement formé de cellules et d'une substance amorphe intercellulaire (fig. 7). Les cellules sont ordinairement plusieurs fois ramifiées, souvent elles sont rondes, quelquefois fusiformes. La substance intercellulaire est incolore et présente tous les caractères histochimiques de la mucine. Elle se colore à peine par l'éosine et le carmin, la thionine la colore en violet, la safranine en brun rougeâtre ; ces colorations sont d'ailleurs peu tenaces.

Dans certains cas, sa structure est moins typique. On trouve dans la substance fondamentale des fibrilles assez abondantes et on peut observer tous les intermédiaires entre le tissu myxomateux pur que nous venons de décrire et le tissu conjonctif adulte.

Ce tissu myxomateux se dispose d'une façon variable. Il forme souvent la masse centrale de la tumeur (obs. II, III, IV, fig. 5).

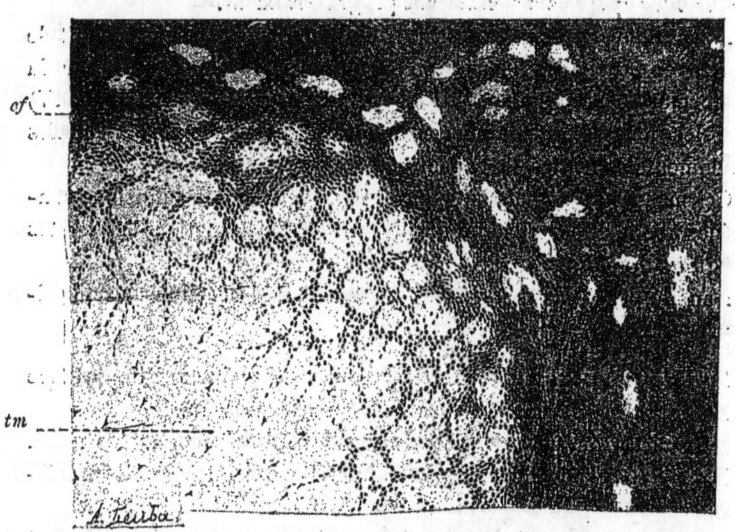

FIG. 7. — Un coin d'îlot myomateux entouré de cellules fondamentales. *tm.* — Tissu myomateux formant un îlot régulièrement ovalaire . — *fc*. Cellules fondamentales disposées en bordures.

Quelquefois, sur une coupe, il constitue une masse ronde entourée d'une bordure cellulaire très nette (fig. 7).

D'autres fois, il forme des traînées plus ou moins ramifiées, tantôt nettement limitées, par une bordure de cellules, tantôt diffuses entre les éléments fondamentaux.

Il est remarquable de voir que les cellules fondamentales se continuent avec les cellules myxomateuses.

Cependant Malassez soutient qu'en ne peut considérer le tissu

myxomateux comme l'effet de la dégénérescence de ces cellules fondamentales. Ce serait plutôt de véritables néoformations qui, parties
des travées et des parois se sont développées sous forme de végéta-
tion. Ce qui le prouverait, c'est qu'on peut observer tous les intermédiaires possibles, depuis les simples saillies sessiles ou pédicules
qui ne sont qu'un bourgeonnement des parois ou des travées
jusqu'aux végétations les plus compliquées. (Voir p. 45).

Ces masses paraissent plus développées dans les amas anciens, ce
qui montre qu'elles s'accroissent progressivement.

Ainsi donc, pendant que la néoformation épithéliale envahit de
proche en proche les tissus qui l'entourent, elle est envahie par la
néoformation myxomateuse. Il arrive même parfois (obs. III et IV)
que les masses myxomateuses refoulent et étouffent les cellules
fondamentales contre la capsule.

Ces masses myxomateuses peuvent être le siège de suffusions sanguines abondantes, c'est là un des modes de formation des kystes
sanguins du cou.

Dans le tissu myxomateux, il peut exister des cellules cartilagineuses (obs. V).

b) Tissu conjonctif. — Le tissu conjonctif vrai a une importance
variable, il est en raison inverse du tissu myxomateux.

Il forme autour de ces tumeurs une capsule plus ou moins nette.

Dans l'épaisseur de la tumeur il se dispose quelquefois en faisceaux denses, qui enserrent et atrophient les cellules (fig. 3).

De la capsule se détachent des travées fibreuses qui cloisonnent
les amas épithéliaux et concourent à former le tissu myxomateux.

Ce tissu peut subir différentes dégénérescences; nous avons déjà
vu la plus importante : la dégénérescence myxomateuse. Nous l'avons
étudiée à part, car elle a une importance primordiale et donne à ces
tumeurs une physionomie tout à fait spéciale.

Je n'ai pas observé les cylindromes qu'a décrits Malassez dans
les tumeurs mixtes parabuccales, mais Kiener les a reconnus dans
une des observations de Brintet.

c) Vaisseaux. — Les vaisseaux sont constants dans ces tumeurs,
ils existent même dans les parties les plus actives et sont souvent au
contact direct des cellules fondamentales.

Les artères sont souvent hypertrophiées par épaississement de la tunique moyenne.

Fréquemment il existe dans ces tumeurs des infarctus hémorrhagiques. Dans la tumeur II (kystes sanguins), j'ai décrit ces infarctus. Dans les couches les plus internes de la paroi kystique, j'ai montré comment ces infarctus, en se fusionnant, forment un gros kyste sanguin. Dans l'observation III, ces lacs sanguins infiltraient le tissu myxomateux.

Les lymphatiques sont quelquefois très développés, et au contact direct des cellules fondamentales, souvent dans ces cas on peut encore déceler un endothélium. Ils peuvent, eux aussi, participer à la néoformation (voir p. 47).

§ 2. — PATHOGÉNIE

Après avoir vu les caractères histologiques de ces tumeurs si curieuses par leur polymorphisme, nous devons nous demander quelle est *leur nature et quel est leur point de départ.*

Ce sera une discussion ardue, pénible à suivre, mais indispensable, car nous avons affaire à des tumeurs qui ne ressemblent pas aux tumeurs ordinaires. Elles ont à la fois les caractères de l'épithélioma et du sarcome. Mais quels sont les caractères les plus importants ? Où devons-nous définitivement les classer ? Est-ce un épithéliome ou un sarcome ? Telle est la première question que nous devons nous poser. Puis lorsque nous connaîtrons la nature de ces tumeurs nous devrons rechercher aux dépens de quels organes elles prennent naissance.

I° **Nature.** — Ces tumeurs sont-elles des épithéliomes ou des sarcomes ?

Il est certain, à première vue, que ces tumeurs ne ressemblent pas aux tumeurs épithéliales que l'on est habitué à observer dans la peau, dans les glandes, etc. Elles diffèrent aussi des sarcomes que l'on voit si souvent, dans les membres par exemple (1). Ce sont donc comme des tumeurs qui tiendraient à la fois du sarcome et de l'épithéliome. Mais il nous faut préciser ces détails, rechercher ce qui appartient à l'un ou l'autre afin de pouvoir tirer une conclusion.

Parmi les tumeurs que j'ai examinées il en est (obs. I, IV) qui sont franchement des épithéliomas. D'autres ressemblent plus au sarcome (obs. VI). Je devrais, à propos de chacune d'elles, discuter les arguments pour ou contre et conclure dans ce cas particulier. Ceci m'entraînerait trop loin. Je préfère réunir en faisceaux tous les arguments en faveur de l'une ou l'autre hypothèse. La discussion, plus schématique, gagnera en clarté. La conclusion que je tirerai pourra être appliquée à toutes les tumeurs puisque j'ai montré qu'il y avait entre elles des liens suffisants pour permettre de les considérer comme appartenant à un seul groupe.

A. — Arguments en faveur du sarcome. — Les tumeurs que je décris ne prêtent pas à la confusion avec les sarcomes types globo-cellulaires ou fuso-cellulaires. Par contre elles se rapprochent par plus d'un point des variétés de sarcomes décrites sous le nom de sarcomes vasculaires. Ce sont ces tumeurs que Henle, Brusch Kamm ont décrites vers le milieu de ce siècle sous le nom d'endo-théliome. Bien des noms leur ont été donnés : syphonome (Rud. Volkmann, Mayer), cylindrome (Recklinghausen, Malassez), sarcome plexiforme (Czerny), myxosarcome télangiectasique (Arnold). Il convient mieux de les désigner sous le nom générique de sarcome vasculaire créé par Tillmanns et adopté par Waldeyer, Rindfleisch, Eberth, Arndt, Kolaczeck, Hippel, Lubarsch. Ce nom est préférable à ceux d'endothéliome ou de périthéliome.

Bon nombre de ces angio-sarcomes ont été décrits dans les glandes parabuccales (parotide, sous-maxillaires, lèvres, voile du palais.....). Or, nous avons vu l'analogie de l'épithélioma branchial avec les tumeurs de ces glandes. En étudiant ce qu'ont écrit et représenté les histologistes allemands, on se rend bien compte que pour eux bon nombre des épithéliomas branchiaux seraient des angio-sarcomes.

(1) J'en ai observé avec Pilliet un bel exemple dans le tissu cellulaire rétro-péritonéal (*Soc. anat.*, 1896).

Je ne veux pas discuter ici si les auteurs allemands ont eu raison de classer les tumeurs mixtes parabuccales parmi les angio-sarcomes. Je veux simplement, en étudiant les tumeurs que j'ai observées, rechercher quels sont les caractères qui pourraient faire croire à un sarcome.

a) La *disposition plexiforme* des éléments cellulaires est un caractère très fréquent de nos tumeurs. Je l'ai fait représenter pour en montrer l'aspect.

Cette disposition se comprend très bien par l'origine vasculaire de la tumeur, puisque les vaisseaux sont disposés de la sorte. Ce caractère est si important qu'il a servi de base à la description du sarcome plexiforme (Friedreich, Steubner, Czerny).

Certainement cet arrangement des cellules ne s'observe presque jamais dans les épithéliomas glandulaires ou tégumentaires. Mais ce qui n'existe pas dans la prolifération d'une surface épithéliale d'un cul-de-sac peut se produire quand ce sont des cellules isolées, dissociées qui se mettent à néoformer.

D'ailleurs, il ne faudrait pas s'exagérer l'importance de cette disposition. Dans les tumeurs que j'ai étudiées, elle était très nette dans un cas (obs. I) et encore elle n'existait que dans un point. Elle s'observait mal dans les cas II et V. Elle manquait totalement dans les autres. Elle était caractéristique dans trois observations de Perez.

N'est-ce pas là un caractère trop inconstant et trop peu important pour qu'il suffise à faire de nos tumeurs des sarcomes vasculaires ?

Malassez pense que les cellules néoplasiques se développent autour des vaisseaux en raison du tissu cellulaire lâche qui entoure ces organes. Mais il ne pense pas que les vaisseaux prennent part à la production des boyaux cellulaires.

La disposition plexiforme n'est donc pas une raison suffisante pour dire : sarcome vasculaire.

b) Les cellules fondamentales semblent par places se transformer en cellules myxomateuses. C'est là un fait que j'ai très nettement constaté dans les observations I, III et VI.

Il semble que ce soit là un puissant argument pour affirmer la nature conjonctive de ces cellules. Les auteurs ui attachent une grande importance.

Cette disposition a beaucoup préoccupé Malassez. Il cherche à l'expliquer en disant que ce n'est pas une transformation, mais une pénétration réciproque d'éléments distincts. On comprend que cette affirmation n'ait pas été acceptée par les partisans de la théorie conjonctive.

A l'hypothèse de Malassez je pourrais ajouter un argument tout théorique tiré d'un fait bien connu d'embryogénie. Les cellules de la notocorde, nettement épithéliales, se transforment en cellules myxomateuses typiques. Pourquoi serait-il irrationnel d'admettre que d'autres cellules épithéliales peuvent subir la même transformation ? Et cela se comprendrait d'autant mieux que les cellules mères du myxome sont des débris embryonnaires arrêtés pour un temps dans leur progression,

Je reconnais que ce ne sont là que des arguments théoriques. Ce fait nettement constaté de la transformation myxomateuse des cellules fondamentales reste un puissant argument en faveur de la nature conjonctive de certaines parties des cancers branchiaux.

c) *La présence de cartilage* peut être invoquée en faveur de la théorie conjonctive. Les auteurs en font un puissant argument en faveur de la nature sarcomateuse du cancer branchial. En effet, une théorie purement épithéliale ne peut donner la raison de ce fait.

Il est certain qu'il y a dans le cancer branchial des éléments mésodermiques, sarcomateux, mais il ne faudrait pas en conclure que le cancer est un sarcome. Nous n'avons pas le droit de généraliser, comme le font Bosc et Jeanbrau. Nous verrons tout à l'heure d'une façon aussi indiscutable que le cancer branchial renferme des productions ectodermiques.

d) *Les connexions des cellules fondamentales avec les vaisseaux* ont servi d'arguments aux partisans de l'angio-sarcome.

Dans le cancer branchial on observe des boyaux cellulaires creusés à leur centre d'une lumière plus ou moins nette. Voyons si ces boyaux ont les vrais caractères de l'angio-sarcome.

Dans l'angio-sarcome type (rate, dure-mère, plèvre, os), la lumière conserve par places des preuves irréfutables de son origine vasculaire; c'est un endothélium type, c'est un amas de globules. Le diagnostic repose sur leur constatation.

Dans le cancer branchial, il n'y a rien de semblable. La lumière creusée au centre des boyaux est toujours peu nette ; elle est limitée par des cellules en partie bien conservées, cubiques ou aplaties en partie à différents stades de dégénérescence. Quelques-unes sont transformées en détritus granuleux qui comblent la cavité. Il n'y a pas de globules dans la lumière, pas d'endothélium sur les parois, de sorte qu'on peut affirmer, comme l'a fait Perez, que ces espaces vides ne sont pas développés aux dépens des vaisseaux préformés, mais résultent d'une nécrobiose intérieure des travées.

D'autres fois on trouve au centre des boyaux cellulaires un vaisseau type ; mais il n'a subi aucune transformation. Nous avons vu comment Malassez explique la présence de cellules néoplasiques autour des vaisseaux (1).

Un fait reste acquis : les cancers branchiaux n'ont pas les caractères histologiques des angio-sarcomes.

e) Les partisans de l'angio-sarcome disent assister à la transformation des cellules endothéliales et suivre leur évolution jusqu'à la production des amas typiques. Rud. Volkmann, Curtis et Phocas, Bosc et Jeanbrau ont décrit ces faits et ont représenté un vaisseau lymphatique au contact d'un amas de cellules que j'appellerai encore fondamentales. De cette continuité ils concluent à la nature endothéliale des cellules.

Sur mes coupes j'ai presque toujours constaté la présence de vaisseaux lymphatiques. Quelquefois même ils sont volumineux et au contact direct des amas cellulaires, plus ou moins entourés par les cellules fondamentales. De cette continuité je ne me suis pas cru autorisé à conclure à la genèse. De ce que ces cellules se touchent, il ne s'ensuit pas qu'elles s'engendrent. Brault, dans la nouvelle édition toute récente du *Traité d'histologie pathologique*, de Ranvier (t. 1, p. 368), émet aussi des doutes sur la légitimité de ces conclusions.

Je dois dire que dans un cas, en un point très limité, j'ai constaté que le vaisseau semblait participer à la production du boyau cellulaire (observ. I). Une cavité était limitée par 8 cellules. Trois d'entre elles avaient une structure nettement endothéliale. Les autres, allongées, formaient hernie dans la cavité. La lumière était comblée

---

(1) Il est une erreur qu'il faut savoir prévenir : c'est de prendre pour un vaisseau un follicule en voie de régression, comme il est dit dans l'observation II.

par des globules blancs et des cellules. Le canalicule lymphàtique était au centre d'un amas de cellules fondamentales.

Ce fait isolé ne me permet pas de généraliser, mais il m'empêche d'être exclusif. Je conclurai en disant : *les vaisseaux ne prennent pas part à la genèse du cancer branchial*, mais d'une façon tout à fait exceptionnelle en un point très limité, il semble que l'on ait là structure type de l'angio-sarcome.

f) La *substance intercellulaire* a été très étudiée par les auteurs qui ont voulu vóir en elle un caractère essentiel des tumeurs. Il n'y en aurait pas dans le carcinome, elle serait constante dans le sarcome.

Waldeyer et Kolaczeck ont décrit des prolongements protoplasmiques dans leurs angio-sarcomes. Ces prolongements en s'anastomosant, limitent des espaces remplis de la substance intercellulaire. Il est très facile de constater cette disposition sur les coupes que j'ai pratiquées. Mais on peut justement faire remarquer que ces prolongements peuvent être dus à la production de vacuoles *dans le protoplasma*, et alors la substance n'est plus intercellulaire, mais intracellulaire.

Perez montre de plus que ces prolongements ne sauraient être l'apanage du sarcome, car ils s'observent dans les cellules épithéliales les plus typiques, comme celles de la couche de Malpighi.

g) Peut-on tirer un argument de *l'hyperchromatose?* J'avoue ne pas avoir étudié mes coupes à ce point de vue. La fixation des pièces ne s'y prêtait pas.

Les auteurs qui se sont occupés de cette question ne sont pas d'accord. Klebs et Lubarsch pensaient que l'hyperchromatose était l'apanage du sarcome. Mais, pour Streub, elle ne serait que le résultat de phénomènes régressifs. Arnold l'a décrite dans les leucocytes sous le nom de dégénérescence nucléaire migratrice; mais Fœrster l'observa dans l'épithélioma de la mamelle, et Perez conclut que l'hyperchromatose en tant que diagnostic différentiel, n'a aucune valeur.

h) La *forme de la mitose* n'a pas plus de valeur. On peut conclure des recherches de Schultze, Klebs, Ribber, Hauser, Haussmann, Muller, Fabre-Domergue que la mitose atypique s'observe plus souvent dans les cellules carcinomateuses que dans les cellules sarcomateuses. Cependant, on ne peut pas en faire un caractère distinctif.

i) La *répartition de la karyokinèse* a été minutieusement étudiée en Allemagne. Streub trouva que dans l'angio-sarcome la karyokinèse se fait dans l'intérieur de la traînée cellulaire ; au contraire, dans le sarcome ordinaire elle se fait à la périphérie ; dans le carcinome, elle serait essentiellement irrégulière. Streub a montré l'inconstance de cette disposition et actuellement on ne peut en tirer aucun argument.

En résumé, les cancers branchiaux ne sont pas des sarcomes. Cependant la transformation des cellules fondamentales en myxomes, la présence de cartilages, la constatation de points d'angio-sarcomes typiques montrent que ces tumeurs possèdent un élément conjonctif plus ou moins important dont on devra tenir compte en recherchant leur point de départ.

B. — Arguments en faveur de l'épithéliome. — a) *Groupement des cellules*. — En certains points les cellules sont disposées comme dans un cancer de la peau. Chiari qui a examiné les pièces de Gussenbauer, note ce fait dans trois observations. Dans ma première observation ce groupement est typique.

En d'autres points les cellules sont ordonnées par rapport à un centre et forment des vésicules qui rappellent la structure du corps thyroïde. Cette disposition est presque constante dans les tumeurs que j'ai examinées (4 sur 6).

Ce sont là des caractères de la plus haute importance. Quand on les a nettement constatés, on ne peut qu'admettre la nature épithéliale du point considéré.

b) *Dégénérescence*. — La formation de globes épidermiques, de vésicules colloïdes est regardée par tous les auteurs comme appartenant en propre aux épithéliomas. On ne les observe jamais dans le sarcome vrai. Or, c'est là un caractère sinon constant, du moins très fréquent dans nos tumeurs.

R. Volkmann, Lubarsch, Bosq et Jeanbrau les ont tous observés dans leur soi-disant angio-sarcome. Ils se sont évertués à prouver que les cellules colloïdes étaient des vaisseaux transformés, que les globes épidermiques différaient des vrais globes épidermiques.

Leur autorité a égaré les esprits : actuellement on semble quelquefois refuser toute valeur diagnostique à ces productions, sous prétexte qu'elles ont été rencontrées dans l'angio-sarcome.

Je ne saurais trop m'élever contre une pareille manière de juger. Les tumeurs de R. Volkmann, Lubarsch, n'étaient pas des angio-sarcomes. Avec Berger et Bezançon, Malassez, Brault je trouve qu'ils n'ont donné aucune preuve de leurs affirmations (voir Volkmann, *loc. cit.* p. 70 ; Bosc et Jeanbrau, *loc. cit.* p. 397). Leurs globes épidermiques étaient de vrais globes épidermiques, absolument identiques à ceux qu'ou trouve dans les cancers de la peau. Qu'on me montre un seul angio-sarcome type (de la rate, de la plèvre, des os) avec de pareilles productions et j'admetttrai que c'est là une disposition banale et de peu d'importance. Jusque-là les vésicules colloïdes, les globes épidermiques conserveront toute leur valeur. Leur présence est une preuve irréfutable de la nature épithéliale du point considéré.

c) La *transformation des kystes* mucoïdes ou dermoïdes en cancer branchial est un argument puissant en faveur de la nature épithéliale de ces tumeurs. Les observations de Richard sont considérées comme des types de ces transformations. Or, ces kystes possèdent un revêtement épithélial cutané ou muqueux. Les tumeurs auxquelles ils donnent naissance ne peuvent être que des épithéliomas.

CONCLUSIONS. — De cette longue discussion nous pouvons conclure :

Il est des points qui ont les caractères du sarcome ;

Il en est d'autres qui sont indiscutablement de nature épithéliale.

Le cancer branchial est donc une tumeur *mixte* dans toute l'acception du terme. Je lui donne le nom d'ÉPITHÉLIOMA branchial parce que je crois l'élément épithélial prépondérant ; mais je reconnais qu'il peut y avoir des cas où l'élément sarcomateux tient la première place (obs. VI). — Je dis « épithélioma » parce que l'épithélium est regardé comme plus noble, plus différencié que le tissu conjonctif.

Ce sont là de mauvaises raisons et au terme d'épithélioma « branchial » je préfère de beaucoup celui de BRANCHIOME, qui ne préjuge en rien la nature de la tumeur.

Il me reste à justifier ce terme de « branchiome ».

II° Point de départ. — Ou prend naissance l'épithélioma branchial ?

Nous devons maintenant nous demander quel est le point de départ de l'épithélioma branchial. C'est un second point à élucider encore plus important que le premier, car l'autonomie d'une tumeur ne peut être nettement constituée que lorsqu'on connaît ce point de départ : « Je pars de ce principe que toutes les classifications des tumeurs basées uniquement sur les caractères morphologiques et sur la clinique ne sont ni rationnelles, ni possibles et que la seule scientifique et vraiment utilisable en clinique est celle qui se fonde sur l'étude du développement ». (Rud. Volkmann.)

L'origine branchiale de nos tumeurs est généralement acceptée. En revanche, aucun auteur n'en a fourni une démonstration rigoureuse.

Le seul moyen de démontrer ce point de départ est de procéder par exclusion. — Étant donnée une tumeur présentant les caractères anatomiques et histologiques que nous avons indiqués, quel peut être son point de départ ?

A priori, nous pouvons faire un certain nombre d'hypothèses :

A. — Prend-elle naissance dans les ganglions lymphatiques, comme on l'a dit si souvent en France ?

B. — Ou dans un lobule aberrant de la glande thyroïde ou du thymus ?

C. — Ou dans une glande salivaire anormale ?

D. — Ou dans la glandule carotidienne ?

E. — En étudiant les tumeurs décrites comme développées aux dépens de ces organes, nous verrons qu'elles ont des caractères différents de ceux que nous avons assignés à l'épithélioma branchial. Nous en arriverons à formuler une autre hypothèse : ces tumeurs sont développées aux dépens de restes embryonnaires inclus lors de la régression des arcs branchiaux.

A. — **Ganglions.** — Il se développe dans les ganglions du cou toute une série de tumeurs qui sont essentiellement distinctes de celles que nous avons décrites ; ce sont les différentes variétés de sarcomes.

En revanche, on trouve dans la littérature médicale un certain nombre d'observations étiquetées sous le nom de carcinome primitif des glanglions du cou.

Parmi celles-là, il en est un certain nombre qui ont la structure type des épithéliomas branchiaux (groupement des cellules, dégénérescences, etc.). Elles n'ont rien de ganglionnaire ; je n'hésite pas à les ranger dans mes tumeurs. J'en rapporte les observations (Blache, Kalindero, Hayem, Nicaise, Bourdon). Je m'explique comment les auteurs ont pu dire épithélioma primitif. Ils y reconnaissaient les caractères habituels des épithéliomas secondaires des ganglions. Ces tumeurs étant comme les ganglions indépendants des organes voisins. On ne trouvait pas de point de départ. On a dit « carcinomes primitifs des ganglions du cou ». C'est encore sous ce diagnostic que Quintrie (de Bordeaux) publiait en 1898 une observation d'épithélioma branchial typique.

Par contre, un certain nombre de tumeurs diffèrent essentiellement de celles-là (obs. de Chambard, Colrat et Lépine, Coyne). Jamais on n'y observe de dégénérescence muqueuse, de globes épidermiques, de tissu myxomateux. La disposition des cellules est toute différente, elles forment tantôt des nids épithélioïdes, tantôt des boyaux cellulaires anastomosés qui possèdent en général une cavité centrale. Ce sont là tous les caractères des vrais endothéliomes, et Ziegler *(loc. cit.*, p. 325, note) les considère comme tels.

D'ailleurs, *a priori*, il était difficile à l'heure actuelle d'admettre l'existence d'une tumeur épithéliale primitive des ganglions. Cette hypothèse, en effet, heurte de front les idées régnantes sur la spécificité cellulaire.

En revanche, il ne nous répugnerait en aucune façon de croire à de pseudo-épithéliomas primitifs des ganglions qui se développeraient aux dépens de débris embryonnaires inclus dans ces ganglions. En effet, ceci se comprend quand on examine les cous de fœtus. On y voit que les débris embryonnaires côtoient les ganglions lymphatiques volumineux à cet âge. Si les ganglions, en se développant, englobent un de ces débris, la disposition qui peut créer un épithélioma ganglionnaire d'apparence primitif se trouve réalisée. Ce fait existe pour le corps thyroïde (nous allons le voir dans un instant), pourquoi n'existerait-il pas pour les ganglions ? Ce siège intra-ganglionnaire des débris pourrait à la rigueur être soupçonné par la présence de tissu réticulé entre les formations épithéliales.

En résumé, donc, les vraies tumeurs ganglionnaires ne ressemblent en rien à celles que nous avons décrites. Les néoplasmes des ganglions identiques à nos cancers devront être regardés comme des épithéliomas branchiaux développés aux dépens de débris embryonnaires inclus dans les ganglions au cours du développement.

B. — Lobules thyroïdiens ou thymiques aberrants. — On a décrit au niveau du cou des *tumeurs* désignées sous le nom de cancers d'un corps thyroïde aberrant. Si les caractères de ces néoplasmes différaient de ceux de nos tumeurs, nous nous bornerions à les indiquer rapidement pour montrer que l'origine thyroïdienne ou thymique de l'épithélioma branhial n'est pas un instant soutenable.

En réalité, il n'en est rien. Lorsque nous parcourons les descriptions histologiques de Trèves, Guttmann, Plauth, Berger, Cipriani, Kapsammer, de Santi, Reinbach, Lanine, Hofmeister, nous trouvons une grande ressemblance avec certains épithéliomas branchiaux.

Il se pose alors la question suivante : est-il des caractères qui séparent ces tumeurs des épithéliomas branchiaux ? et leur origine thyroïdienne est-elle vraiment démontrée ?

1° Le plus important de ces caractères est la formation de *vésicules colloïdes*.

Doit-on considérer la présence de ces vésicules comme une caractéristique de la nature thyroïdienne ? Nous ne le pensons pas. On trouve, en effet, des vésicules colloïdes dans des tumeurs dont le point de départ thyroïdien ne peut même pas être discuté. Peut-on agiter cette origine pour des tumeurs de la parotide ? Et pourtant Planteau décrit en 1876 des sarcomes (?) parotidiens où les vésicules étaient des plus nettes. M. Berger lui-même en a observé de typiques dans les tumeurs du voile du palais. Des glandes thyroïdes aberrantes n'ont pas été rencontrées que nous sachions dans l'une et l'autre de ces régions.

2° On pourrait nous objecter qu'il ne s'agit là que de pseudo-vésicules thyroïdiennes et que leurs sécrétions diffèrent de celles des vésicules vraies. Encore faudrait-il le démontrer. J'ai étudié un cas de tumeurs de la voûte palatine où le contenu des vésicules avait tous les caractères histo-chimiques de la sécrétion thyroïdienne vraie, telle qu'elle a été décrite par Reinbach.

Au surplus, il faut reconnaître que c'est un point négligé par les auteurs qui ont décrit les carcinomes thyroïdiens aberrants.

3° M. Berger attache une certaine importance au volume des vésicules et à la présence dans leur intérieur de végétations qu'il a très minutieusement décrites et si bien représentées. Plauth, lui aussi, les a observées. Ces végétations avaient déjà attiré l'attention de M. Cornil dans l'épithélioma thyroïdien. Dans mes tumeurs, j'ai souvent observé de très petites végétations. Je ne pense donc pas qu'on doive leur accorder une grande valeur.

4° Je remarque encore ce fait dans les observations de Plauth, de Berger : les vésicules sont situées dans une masse de cellules qui diffusent dans le stroma. Cornil, au contraire, montre que les vésicules de l'épithélioma thyroïdien sont isolées. Est-ce là un caractère très important ? Je ne puis le dire. L'avenir se prononcera sur la valeur de ce fait.

En résumé, je ne vois aucun des caractères de ces tumeurs qui ne puisse se rencontrer dans les tumeurs d'autres régions et en particulier dans l'épithélioma branchial.

Est-ce à dire que je veuille nier l'existence des tumeurs du corps thyroïde aberrant? Non, et la preuve en est que j'ai respecté les diagnostics déjà posés. Je n'ai pas voulu rapprocher ces tumeurs des épithéliomas branchiaux. Mais ce que je pense, c'est que, actuellement, le microscope ne nous fournit pas de caractères distinctifs. Peut-être un jour on saura quelle est l'importance du tissu myxomateux. Peut-être on aura mieux étudié quels sont les caractères de ces glandules para-thyroïdiennes. C'est là un point qui devrait attirer l'attention et qu'il serait bien intéressant d'éclaircir.

Peut-être est-ce une question insondable, car si on réfléchit à l'origine du corps thyroïde (évagination endodermique du 3e arc branchial) et à la situation des restes embryonnaires (téguments des arcs branchiaux) que nous verrons être l'origine des épithéliomas branchiaux, on comprend que ces deux cellules juxtaposées, semblables, puissent avoir les mêmes affinités formatives. Une de ces cellules va faire le corps thyroïde vers la fin du premier mois ; l'autre, sa sœur, sa voisine, va rester incluse et proliférera à une époque tardive. Il est rationnel de penser qu'elle créera des tumeurs qui ressembleront beaucoup au corps thyroïde. M. Berger, du reste, avait déjà bien vu cette difficulté.

Une autre raison encore de la difficulté du diagnostic histologique des épithéliomas branchiaux avec les goitres aberrants, c'est que dans le corps thyroïde il existe des tumeurs dues à l'évolution de germes tégumentaires inclus dans le parenchyme glandulaire. Wölfler l'a dit. J'en ai vu un beau cas présenté par Bufnoir et Milian à la *Société anatomique* (1898). Ces tumeurs ont donc absolument la même origine et la même structure que nos épithéliomas branchiaux.

En résumé : d'une part, affinité pour une évolution thyroïdienne des restes embryonnaires, d'autre part possibilité d'une inclusion fœtale dans le corps thyroïde même, tout concorde pour rendre incompétent l'histologiste dans le diagnostic différentiel de l'épithélioma thyroïdien et de l'épithélioma branchial.

Des considérations d'ordre purement anatomique pourraient peut-être servir à essayer une distinction. Des goitres aberrants ne peuvent se développer que dans les glandules aberrantes du corps thyroïde. Or, l'anatomie nous apprend que ces glandes existent derrière l'œsophage, autour de la thyroïdienne inférieure dans le médiastin, etc. Pas un auteur n'en a mentionné dans la région sous-maxillaire ou vers l'angle de la mâchoire, ni surtout dans la gaine des vaisseaux. C'est dire que les goitres aberrants ne doivent pas siéger dans ces régions. Et puisque l'histologie nous manque, nous pouvons dire de par l'anatomie (malheureusement, on connaît l'importance qu'il faut accorder à des détails de l'anatomie dont les anomalies sont si fréquentes) : quand une tumeur s'éloigne tant soit peu du corps thyroïde, ne faites jamais le diagnostic de goitre aberrant.

On peut dire les mêmes choses pour le *thymus*. Pas un auteur n'a invoqué cette origine précisément, parce qu'on ne connaît pas de débris thymiques dans la région carotidienne. Mais, au point de vue histologique, on peut observer dans l'épithélioma branchial tous les détails de structure qui caractérisent l'épithélioma thymique. J'ai décrit des globes épidermiques inversés absolument analogues à ceux que Paviot et Gerest ont montré être la signature de l'épithélioma du thymus.

C. — **Glandes salviaires aberrantes.** — L'origine de ces tumeurs aux dépens de glandules salivaires aberrantes n'a jamais été invoquée. Cependant la proximité anatomique de la sous-maxillaire et de la parotide justifierait cette théorie. Bien plus, il y a, comme nous l'avons vu, une identité presque absolue entre l'épithélioma branchial et les tumeurs de ces glandes.

Mais on n'a jamais décrit de glandes salivaires aberrantes dans la région hyoïdienne et surtout dans la gaine des vaisseaux.

Cependant, à un point de vue tout général, nous croyons devoir insister sur les ressemblances histologiques que présentent nos tumeurs avec les tumeurs mixtes des glandes salivaires. L'épithélioma branchial ne saurait avoir une origine glandulaire et cependant il ressemble aux tumeurs mixtes des glandes salivaires. N'est-ce pas là un fait qui doit rendre douteuse la nature glandulaire de ces mêmes tumeurs? Je n'ai pas ici à développer les arguments des auteurs français qui tiennent pour la théorie glandulaire. M. le professeur Berger les a magistralement exposés. Mais ne semble-t-il pas que l'étude de l'épithélioma branchial doit montrer que les tumeurs mixtes parabuccales se développent vraisemblablement aux dépens des restes embryonnaires? Pitance l'a déjà dit. — Heinsberg (1898) a soutenu que ces tumeurs se développaient dans des acini embryonnaires inclus dans le parenchyme de la glande (comme Wolfler l'avait supposé pour le corps thyroïde). — Mon ami Cunéo et moi avons cherché à montrer que ces tumeurs étaient formées par les germes tégumentaires inclus lors de l'évolution des arcs branchiaux (*Congr. intern.*, août 1900). L'étude du cancer branchial ne peut que confirmer notre théorie.

D. — **Glandule carotidienne.** — Les tumeurs de la glande carotidienne présentent des caractères tout à fait différents de ceux que nous avons donnés à nos tumeurs. Paltauf les a décrits minutieusement. Au point de vue macroscopique ce sont des tumeurs en général petites qui siègent exactement dans l'angle de bifurcation de la carotide primitive. Au point de vue histologique ce sont des endothéliomes. Ceci n'a rien qui puisse nous étonner d'après la structure et l'origine embryologique de la glande carotidienne (1).

(1) J'ai coupé quelques-unes de ces glandes et j'ai pu constater (comme Scheffer) qu'elles se composent de cellules baignant dans un lacis vasculaire. Cette structure

E. — Restes embryonnaires des arcs branchiaux. — Ainsi l'origine branchiale se trouve démontrée par exclusion. Les épithéliomas que nous avons étudiés se développent aux dépens des restes embryonnaires inclus lors de la régression des arcs branchiàux.

Comme toutes les démonstrations par exclusion, celle-ci n'a pas de valeur absolue et nous manquons de preuvres directes qui ne pourraient être fournies que par la constatation de l'évolution. Or on n'a jamais pu assister à la transformation de ces restes embryonnaires en tumeurs malignes, tandis qu'on voit nettement la peau ou une glande donner naissance à un épithélioma. A cette théorie on pourra toujours objecter « l'avez-vous vu ? »

La théorie de l'origine branchiale a le triple avantage : — 1° de concorder avec des faits déjà connus et démontrés ; — 2° d'expliquer parfaitement les particularités anatomiques des tumeurs qui nous occupent ; — 3° de s'appuyer sur des faits d'observation.

1° Tout le monde accepte que les kystes dermoïdes sont dus à l'évolution des téguments externes inclus dans l'épaisseur des tissus. Il existe déjà au cou des kystes dermoïdes latéraux, des kystes mucoïdes ; et tous les auteurs sont unanimes à admettre que ces kystes se développent aux dépens des téguments (externes ou internes) inclus dans l'épaisseur du cou. On est donc autorisé à admettre comme très vraisemblable que ces mêmes débris embryonnaires peuvent produire des tumeurs malignes.

Dans une région voisine, tout le monde reconnaît après les travaux de M a l a s s e z, A l b a r r a n, que les kystes des mâchoires se développent aux dépens des germes inclus lors de l'évolution des dents. Ce n'est là aussi qu'une théorie qui se base sur la même hypothèse. Elle est absolument semblable à celle que j'invoque, elle est donc passible des mêmes objections.

2° Cette théorie donne l'explication de tous les détails anatomiques des épithéliomas branchiaux.

a) Ces tumeurs sont épithéliales puisque les restes embryonnaires proviennent des téguments muqueux ou cutanés.

b) Cette origine spéciale explique comment ces tumeurs ont une

est absolument semblable à celle que nous avons décrite, mon ami Cunéo et moi, pour la glande sacro-coccygienne. (Note demandée par M. Rieffel pour son article des tumeurs sacro-coccygiennes du *Traité de chirurgie* DUPLAY-RECLUS. 2ᵉ édition.)

structure si particulière. Malassez l'avait entrevue quand il proposait d'appeler ses cylindromes (qui ressemblent absolument à nos tumeurs) des épithéliomas embryonnaires.

c) Cette hypothèse explique le siège latéral de ces tumeurs, car les débris embryonnaires se rencontrent sur les parties latérales du cou au niveau du bord antérieur du sterno-cléido-mastoïdien.

d) Elle explique surtout les adhérences à la veine. Ce fait remarquable et presque constant qui se retourne contre toutes les autres hypothèses, est un argument des plus puissants. Nous avons trouvé ces débris autour de la veine, sur sa face externe, jamais autour de l'artère. Ceci ne nous explique-t-il pas pourquoi les épithéliomas branchiaux adhèrent à la veine et non à l'artère ?

e) Je n'ose pas encore tirer un argument de l'analogie que présentent mes tumeurs avec les tumeurs mixtes parabuccales. Mais un jour viendra (bientôt peut-être) où cette origine embryonnaire des tumeurs mixtes sera universellement adoptée. Alors mon hypothèse sera triomphante : l'épithélioma branchial du cou prendra la place qu'il doit occuper dans la pathologie de l'appareil branchial.

3° Le fait sur lequel s'appuie cette théorie, je l'ai prouvé avec mon ami Cunéo. Nous avons assisté à la régression des arcs branchiaux et nous avons montré qu'il existe chez l'adulte, dans la région carotidiennne, des restes embryonnaires. C'est ce que je vais exposer dans le paragraphe suivant.

Si nous jetons un coup d'œil d'ensemble sur la pathologie de ces débris branchiaux inférieurs, nous voyons que ces restes peuvent former dans le cou des tumeurs branchiales diverses ;

a) Des fibro-chondromes branchiaux du cou qui sont la persistance chez l'adulte d'un état embryonnaire qui aurait dû disparaître, ou le résultat d'une anomalie régressive ;

b) Des kystes dermoïdes ou mucoïdes, des fistules, affections fréquentes, les mieux et même les seules bien connues :

c) Des tumeurs mixtes qui renferment à la fois du tissu épithélial, du cartilage, du tissu myxomateux, affection rare, mais dont il existe des cas absolument indiscutables ;

d) Enfin, les épithéliomas branchiaux du cou se trouvent constitués quand les débrits évoluent d'une façon maligne. Je ferai remarquer que cet épithélioma branchial peut exister d'emblée, mais qu'il n'est souvent que le terme ultime de toutes les tumeurs précédentes, les débris ayant comme passé par un stade intermédiaire bénin avant de former des tumeurs malignes.

Ainsi se trouve constituée cette pathologie des arcs branchiaux inférieurs. L'épithélioma en forme comme le dernier chapitre.

Comparons maintenant cette pathologie branchiale du cou avec la pathologie branchiale de la face, et prenons comme exemple les arcs branchiaux à leur partie supérieure dans la région parotidienne.

a) La fréquence des fibro-chondromes est beaucoup plus considérable.

b) Les kystes dermoïdes sont plus exceptionnels qu'au cou.

c) Les tumeurs mixtes sont beaucoup plus fréquentes. Elles renferment le plus souvent du cartilage. Les tumeurs correspondantes au cou n'en possèdent que rarement, et cela se comprend quand on pense que les arcs supérieurs (maxillaire, hyoïdien) ont un squelette cartilagineux dans toute leur étendue.

d) Enfin la parotide renferme, elle aussi, des épithéliomas branchiaux typiques. Les cancers de la parotide (Planteau, Rodriguez) ont souvent une structure absolument identique à celles que nous avons décrites dans nos tumeurs du cou. Ces cancers peuvent être primitifs ou secondaires à une tumeur mixte (cas très fréquent) ou à un kyste (cas exceptionnel).

Dans la parotide il y a une cause d'erreur : c'est la présence d'un élément épithélial propre, la glande. Cet élément peut évoluer vers le cancer et créer un épithélioma glandulaire, vrai cancer de la parotide. Mais ce cancer, au point de vue histologique, est essentiellement différent de l'épithélioma branchial développé dans la parotide.

En résumé l'origine branchiale peut être considérée sinon comme déjà démontrée, du moins comme infiniment probable. Mais il serait exagéré et même inexact de dire que seul l'élément épithélial des arcs branchiaux est le point de départ de ces tumeurs. L'élément conjonctif de ces arcs sous toutes ses formes (tissu conjonctif adulte, tissu myxomateux, cartilage, etc.) joue dans leur genèse un rôle plus ou moins important. Aussi, si je n'éprouvais pas une certaine répugnance à modifier un terme qui tend à être généralement accepté aujourd'hui, proposerais-je de donner à ces néoplasmes le nom plus extensif et, par conséquent, plus exact de *branchiome malin*. Et ces branchiomes se rencontrent dans les points où les restes s'observent —dans les glandes parotides et sous-maxillaires (ils forment la variété la plus fréquente du cancer de ces glandes), — dans le corps thyroïde (variété rare du cancer thyroïdien, Wölfler), — dans le médiastin (Letulle, Ambrosini, Marfan). — Mais c'est au niveau du cou qu'ils sont, sinon le plus fréquents, du moins le plus caractéristiques; c'est là qu'il convenait de les isoler d'abord, car ils y sont typiques.

§ 3. — EMBRYOLOGIE

On sait comment se forment les arcs branchiaux. Les travaux de His, Born, Kölliker, Piersol, etc., ont précisé ce chapitre d'embryologie. Mais il semble que les auteurs se sont surtout occupés de la formation des arcs, de leur état rudimentaire. Ils s'étendent longuement sur des détails très curieux, peut-être en anatomie comparée, mais qui, pour nous, n'ont jusqu'à présent aucun intérêt. Par contre, ils laissent de côté l'évolution de ces arcs; ils sont à peu près muets sur leur transformation définitive. Cela fait que leur description est loin d'être classique; souvent même elle semble ignorée par les auteurs qui ont écrit sur la pathologie de ces arcs.

J'ai eu la bonne fortune de recueillir un embryon de 9 millim. au cours d'une hystérectomie abdominale faite pour cancer. J'ai pu le fixer *vivant* dans le sublimé acétique; son cœur battait encore dans le liquide. C'est dire que les détails ont toute leur netteté, ce qui est excessivement rare pour les embryons de cet âge. Avec mon ami Cunéo j'ai fait des coupes de cous d'embryons humains plus âgés (90 millim., 45 millim., 50 millim., 80 millim., 12 centim., 18 centim.); j'ai pu assister à la transformation des arcs branchiaux et comprendre leur disposition définitive.

Je n'ai rien vu qui n'ait été déjà observé par mes devanciers. Je voudrais ici, en m'adressant à des cliniciens, bâtir un schéma simple et exact qui permette de comprendre l'importance des arcs dans la constitution définitive du cou. De la sorte bien des particularités des tumeurs de la région trouveraient une explication rationnelle, les épithéliomas branchiaux du cou en première ligne.

Les arcs branchiaux sont le plus nets quand l'embryon humain a une longueur de 3 à 4 millim. (2e semaine). Disposés théoriquement sous forme de bourrelets parallèles, ils s'échelonnent de haut en bas au nombre de 4 : 1er arc (maxillaire), 2e arc (hyoïdien), 3e arc, 4e arc.

A peine ébauchés, ces arcs vont se modifier : ils se disposent en éventail, leurs extrémités postérieures restent rapprochées, leur extrémité antérieure prend un développement prépondérant (1).

Ces arcs se forment au fond d'un sinus limité en haut par la saillie

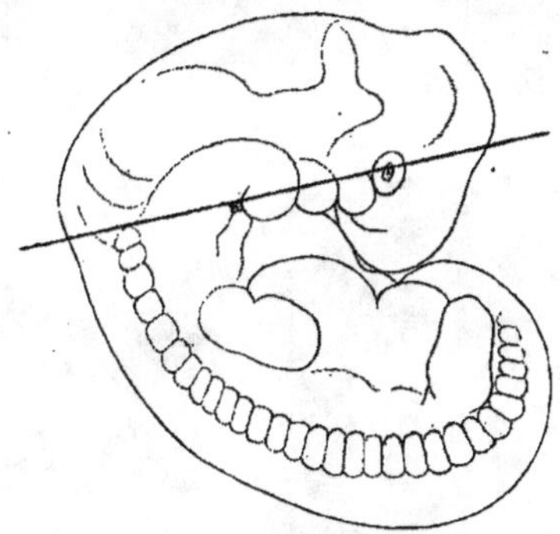

FIG. 8. — Embryon de 9 millim. Formes extérieures.
Le trait indique la direction des coupes des figures 13 et 14.

céphalique (futur crâne), en bas par la masse cardiaque (futur thorax). C'est le *sinus précervical* de His. Le cou n'existe pas, la tête de l'embryon est collée à son thorax. Le cou va prendre naissance par le développement des arcs branchiaux qui vont s'arc-bouter entre les saillies, les écarter et créer le rétrécissement cervical.

Dans cette évolution, l'importance des arcs branchiaux est bien inégale. Le 1er arc (maxillaire) se développe beaucoup, il formera la face. Le 2e arc (hyoïdien) se développe encore plus, il formera tout

(1) Chez l'homme, la disposition des arcs branchiaux en métamères parallèles n'est décrite que par analogie avec ce qu'on observe chez l'axolotl ; elle est essentiellement transitoire et n'a qu'un intérêt théorique.

le cou. *Les 3e et 4e arcs sont annihilés.* Ils sont englobés sous l'arc hyoïdien, leur tégument primitif n'entre pas dans la constitution des téguments définitifs du cou. On suit cette évolution sur la figure 9, empruntée à His. On voit que les arcs maxillaires et hyoïdiens s'accroissent. Par contre, les arcs 3 et 4 sont de plus en plus réduits

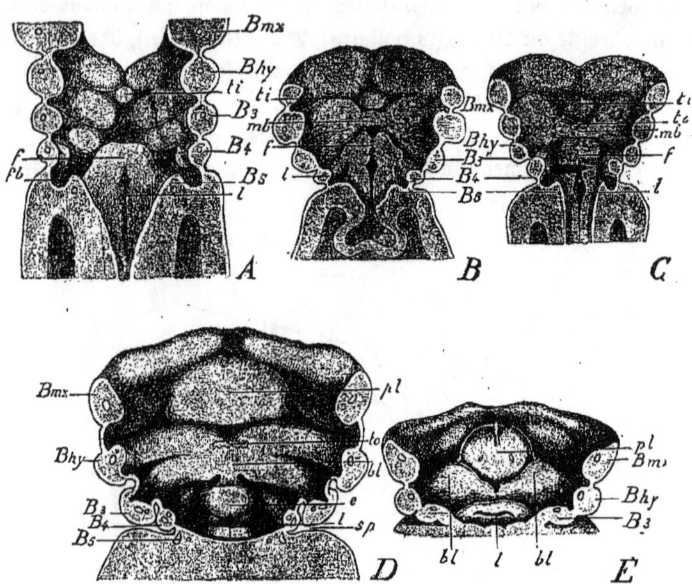

FIG. 9. — Reconstitutions de la paroi bucco-pharyngienne antérieure d'embryons humains (d'après W. HIS).

A. Embryon BB de His (3,2 mm.). — B. Embryon Bl (4,25 mm.). — C. Embryon B (7 mm.). — D. Embryon Pr (10 mm.). — E. Embryon Sl (12,5 mm). — B*mx*, 1er arc branchial ou arc maxillaire. — B*hy*, 2e arc branchial ou arc hyoïdien. — B3, B4, B5, 3e, 4e, 5e arcs branchiaux. — *ti, tuberculum impar.* — *f, furcula ; — fb, fundis branchialis.* — *l*, orifice laryngien. — *mb*, champ mésobranchial. — *to*, invagination de la thyroïde médiane. — *e*, épiglotte. — *bl*, base ou racine de la langue. — *pl*, pointe ou corps de la langue. — *sp, sinus præcervicalis.*

de volume, ils sont bientôt enfouis sous l'arc hyoïdien qui se soude à la saillie cardiaque. Pour que ces schémas soient plus réels, il eût fallu que la dimension des figures fût accrue en proportion de l'âge de l'embryon. On comprendrait mieux comment les arcs 3 et 4, tout en conservant leur volume rudimentaire, sont enfouis sous l'arc hyoïdien qui aurait des proportions considérables. Les arcs s'emboîtent comme un tube de lorgnette, suivant l'expression de His (fig. 10).

Revenons sur chacun des arcs branchiaux, étudions ce que devient chacun d'eux, quelle est sa destinée dans la constitution définitive

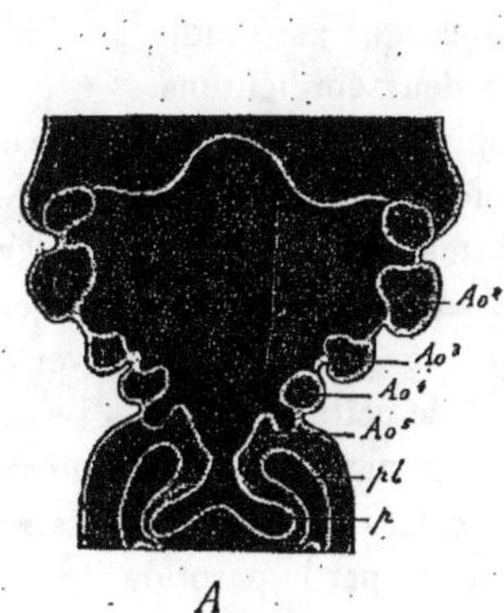
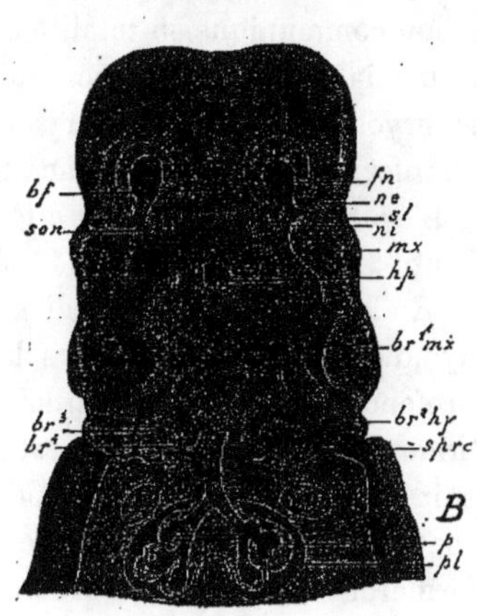

Fig. 10. — A. Coupe frontale de l'espace bucco-pharyngien d'un embryon humain. (Embr. B 1 de His). — B. Vue frontale et en partie section frontale d'un embryon humain plus âgé (Embr. Rg de His) (d'après His).

En A. — Ao^2-Ao^5, 2e-5e arcs aortiques contenus dans les arcs branchiaux correspondants. — p, tubes pulmonaires. — pl, sacs pleuraux.

En B. — br^1mx, premier arc branchial ou arc maxillaire. — br^2hy, 2e arc ou hyoïdien, br^3, br^4, 3e et 4e arcs branchiaux. — $sprc$, sinus præcervicalis. — hp, orifice du diverticule hypophysaire. — bf, bourgeon frontal. — ne, ni, bourgeons nasaux externe et interne. — mx, bourgeon maxillaire supérieur du 1er arc. — son, sillon oculo-nasal. — sl, sillon lacrymal. — fn, fossette nasale. — p, tubes pulmonaires. — pl, sacs pleuraux.

des téguments, des parois pharyngiennes. Que deviennent les fentes ?

I. — Rôle des arcs branchiaux dans la constitution des téguments de la région cervicale. — L'arc maxillaire se divise en arc maxillaire supérieur et arc maxillaire inférieur.

1° L'ARC MAXILLAIRE SUPÉRIEUR, en se soudant au bourgeon frontal, constitue la face dont je ne veux pas m'occuper.

2° L'arc maxillaire inférieur devient prépondérant, il domine l'arc hyoïdien, il formera la mâchoire inférieure. Son squelette est le cartilage de Meckel (plus tard os maxillaire inférieur, marteau, enclume).

Un sillon, *première fente branchiale externe*, sépare l'arc maxillaire de l'arc hyoïdien. Je ne veux pas m'occuper de savoir si ce sillon communique en totalité ou en partie avec le pharynx (1re fente branchiale interne). L'accord n'est pas encore fait à ce sujet entre les embryologistes. Sur l'embryon de 9 millim. que j'ai étudié, le sillon était fermé par une membrane formée de deux épithéliums.

L'évolution de la première fente branchiale externe est différente en haut et en bas. Cela tient à la saillie que forme l'angle de la mâchoire — En haut (région parotidienne) l'arc maxillaire surplombe l'arc hyoïdien qui est refoulé vers la profondeur (l'apophyse styloïde est profonde). La saillie maxillaire se soude à la masse proto-vertébrale. Le sillon parotidien est le reliquat de cette union (1). Il s'ensuit que dans la région parotidienne les téguments du deuxième arc sont tout entiers inclus sous le premier arc. Ces débris tégumentaires formeront des tumeurs qui seront recouvertes par la parotide et sembleront être développées dans la profondeur de la glande. Ce sont les épithéliomas branchiaux de la région parotidienne (Cunéo et Victor Veau).

En bas la première fente branchiale traverse la région sus-hyoïdienne. Elle est superficielle, limitée par deux bords peu saillants.

Le mode de disparition de ce sillon mérite de nous arrêter. — La fente branchiale pourrait disparaître par *déplissement;* la fente serait refoulée par le tissu sous-jacent. — La fente peut disparaître par *enclavement;* la saillie supérieure (maxillaire) se souderait à la saillie inférieure (hyoïdienne) ; les téguments seraient enclavés entre les deux arcs. — Je ne sais quel est le mode habituel. Il est certain que sur un certain nombre d'embryons coupés verticalement il semble qu'il y ait effacement de la fente; mais en général on assiste à un vrai enclavement des téguments (fig. 12). Un fait reste : c'est la possibilité, sinon la constance de l'enclavement des cellules tégumentaires lors de la disparition des fentes.

(1) Je n'ai pas besoin de rappeler que les auteurs s'accordent à admettre que le conduit auditif externe est un reste de la première fente branchiale externe.

Ces débris formeront des épithéliomas branchiaux. Le plus souvent

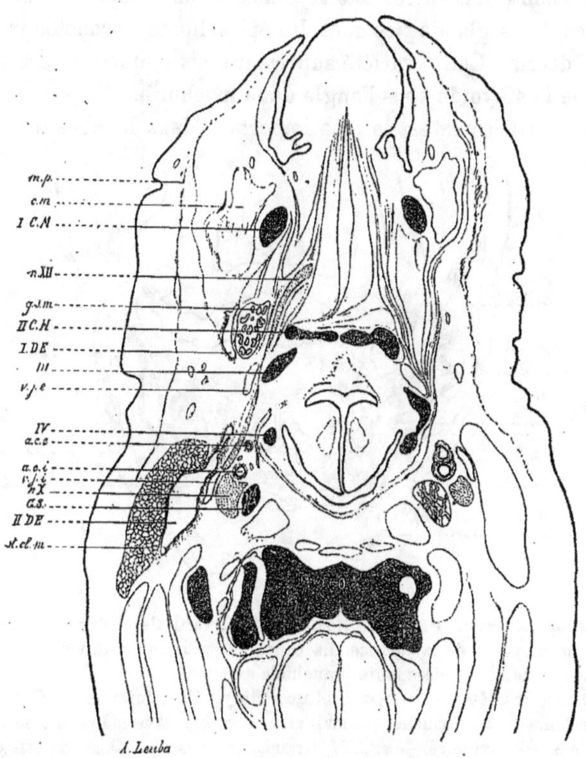

Fig. 11. — Embryon de deux mois et demi. — Coupe horizontale au niveau de la langue. Schéma de la situation des débris branchiaux.

m. p. Muscle peaussier. — em. Ebauche du maxillaire. — I C M. Cartilage de Meckel. — n XII. Nerf grand hypoglosse. — g s m. Glande sous-maxillaire. — II C H. Cavité interposée entre l'arc maxillaire et l'arc hyoïdien. — I C E, II C H. Cartilage de l'arc hyoïdien. — I D E. Cavité interposée entre l'arc maxillaire et l'arc hyoïdien. — III. Cartilage du troisième arc branchial. — v.j. e. Veine jugulaire externe. — IV. Cartilage du quatrième arc branchial. — a. c. e. Artère carotide externe. — m. st. cl. m. Muscle sterno-cléido-mastoïdien. — a. c. i. Artère carotide interne. — v. j. i. Veine jugulaire interne. — n X. Nerf pneumo-gastrique. — II D E. Cavité interposée entre l'arc hyoïdien et les troisièmes et quatrièmes arcs. — G S. Grand sympathique.

ces épithéliomas seront au contact de la glande sous-maxillaire; plus

superficiels qu'elle, ils sont connus sous le nom de tumeur mixte de
cette glande (1). D'autres fois la tumeur se développera à une certaine
distance de la glande : ce sont les épithéliomas branchiaux du cou
que je décris. Cette variété supérieure sera située au-dessus de la
corne de l'os hyoïde sous l'angle de la mâchoire.

3° L'ARC HYOIDIEN est le plus important dans la constitution défi-

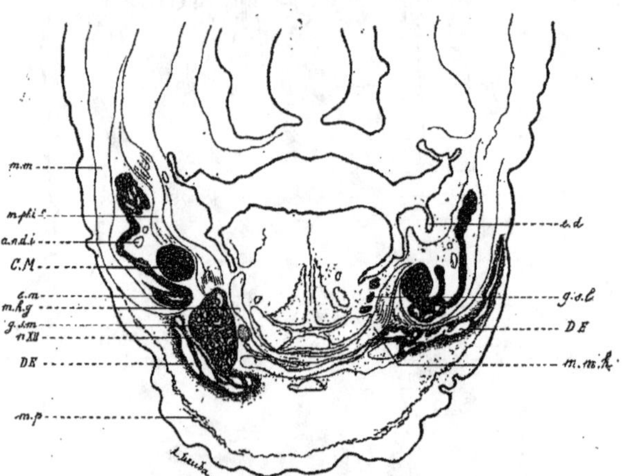

FIG. 12. — EMBRYON DE TROIS MOIS. — Coupe vertitale et frontale au niveau de
la partie moyenne de la langue. La coupe est plus antérieure à droite. Schéma
des débris de la première fente branchiale externe.
m. m. Muscle masséter. — m. pt. i. Muscle ptérygoïdien interne. — C M. Cartilage
de Meckel. — e. m. Ébauche du maxillaire. — m. h. g. Muscle hypoglosse. — g. s. m.
Glande sous-maxillaire. — n. XII. Grand hypoglosse. — D. E. Débris embryonnaires formés par l'union des deux premiers arcs branchiaux. — m. p. Muscle
peaussier. — m. m. h. Muscle mylo-hyoïdien. — g. s. l. Glande sublinguale. —
e. d. Ébauche des dents.

nitive du cou. Par son développement énorme il annihile les arcs
3 et 4 ; forme tous les téguments des régions sous-hyoïdiennes, caroti-
diennes, sus-claviculaires. Il se soude en bas à la saillie péricardique,
en arrière à la masse vertébrale. Pour réaliser cette union, l'arc hyoï-

(1) La figure 12 nous explique pourquoi il n'existe pas de tumeurs mixtes dans la
glande sublinguale. Les débris sont superficiels, séparés de la glande sublinguale
par le mylo-hyoïdien. Cette absence de tumeurs mixtes dans la glande sublinguale
n'est-elle pas un puissant argument en faveur de la théorie que nous avons émise ?

dien se développe d'une façon notable en arrière et en bas sous forme
de tubercule *(prolongement operculaire* de His).

Le squelette de cet arc formera les ligaments stylo-maxillaires, le

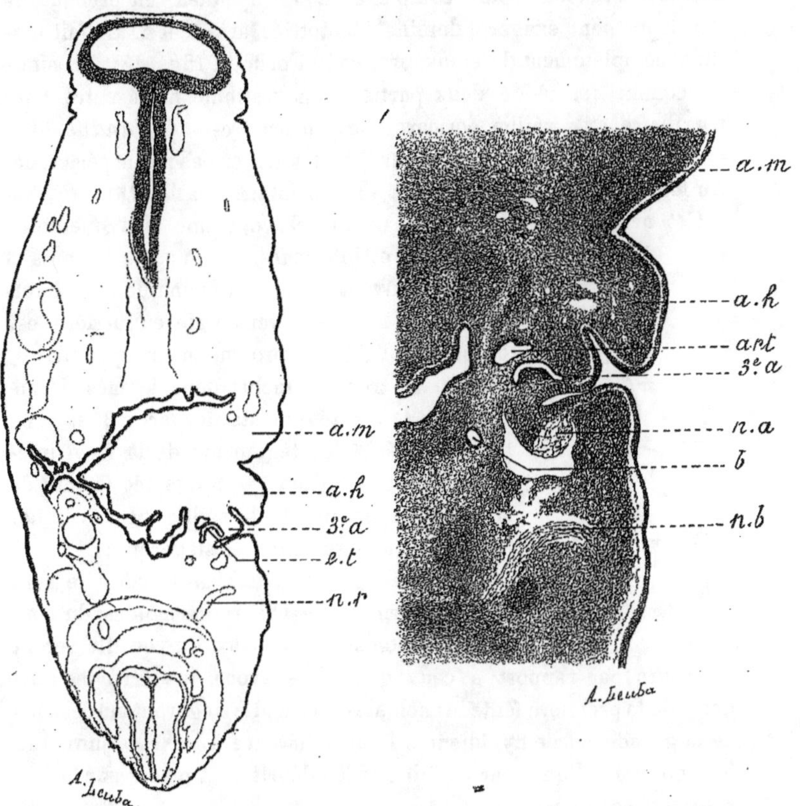

FIG. 13 et 14. — EMBRYON DE 9 MILLIM. FIXE VIVANT DANS LE SUBLIMÉ
ACÉTIQUE. Coupe suivant l'axe de la figure 3.
A. *m.* Arc maxillaire.— A. *h.* Arc hyoïdien.— *3ᵉ a.* 3ᵉ arc branchial.— *e. t.* Ébauche du
thymus. — *b.* 4ᵉ arc aortique. — *art.* 3ᵉ arc aortique. —*nr. nb.* Nerf rachidien. — *na.*
Nerf pneumogastrique entouré d'un espace vide qui est le prolongement de la
cavité pleuro-péricardique.

corps de l'os hyoïde (fig. 11). On rattache en général la grande corne
de l'os hyoïde au squelette du 3ᵉ arc. Je ne serais pas éloigné de croire
que cette corne est le squelette du prolongement operculaire.

La première fente branchiale (hyo-maxillaire) externe se soude comme nous l'avons vu.

L'évolution de la deuxième fente (entre l'arc hyoïdien et le troisième arc) est beaucoup plus complexe. L'arc hyoïdien, en prenant un développement exagéré, domine bientôt les arcs 3 et 4. Ce fait modifie complètement le sinus précervical primitif (fig. 13). Le sinus est comme formé de deux parties : un vestibule placé entre l'arc maxillaire et la saillie péricardique ; un arrière-fond *(fundus brachialis* de His) limité en haut par l'arc stylien, en bas par le péricarde. Au fond se trouvent les arcs 3 et 4 rudimentaires (*b* fig. 15).

Cet arrière-fond disparaît par adhérence, fusion des opercules supérieurs et inférieurs. De la sorte les arcs 3 et 4 se trouvent inclus. La fusion de l'arc hyoïdien avec la masse vertébrale en arrière est effectuée à l'aide du prolongement operculaire.

Ainsi se trouvent inclus dans le mésoderme cervical : 1° les téguments des arcs 3 et 4 en totalité ; — 2° les téguments de là face inférieure de l'arc stylien ; — 3° les téguments de la partie supérieure de la saillie péricardique.

Ces débris tégumentaires siègeront :

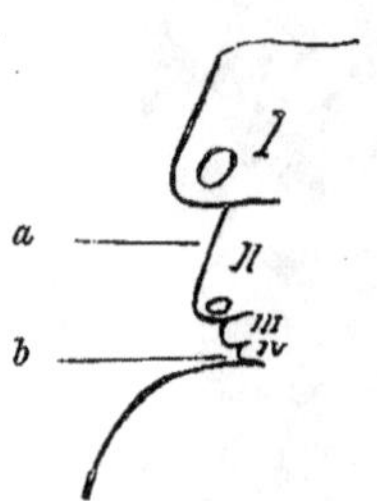

FIG. 15. — Schéma de l'inclusion des arcs 3 et 4 sous l'arc hyoïdien.

a) Sur les parties latérales du cou. Ce sont eux qui forment les kystes dermoïdes du cou, les épithéliomas branchiaux du cou. Ils seront inférieurs par rapport à ceux que nous avons vus être les reliquats de la première fente branchiale externe. Ils siègeront au-dessous de la grande corne hyoïdienne. Leur adhérence à la veine jugulaire interne est expliquée par çe fait que les débris sont placés sur la face externe de ce vaisseau.

b) Dans le thorax, au niveau du médiastin antérieur. Le cœur dans sa descente peut entraîner ces débris qui se placeront sur la face antérieure du péricarde ou, plus haut, en avant des vaisseaux. Ce sont eux qui forment les kystes dermoïdes du médiastin et un certain nombre de tumeurs qui ressemblent de tous points aux épithéliomas branchiaux du cou. Ce sont des épithéliomas branchiaux du thorax.

c) Sur la ligne médiane, dans la région thyro-hyoïdienne. L'inclusion des téguments sur la ligne médiane n'est pas admise par

tous les auteurs. Un certain nombre d'entre eux pensent qu'elle n'est
pas possible en raison de ce que les fentes branchiales n'existent que
sur les parties latérales. Il est vrai que les fentes primitives ne s'étendent
pas jusqu'à la ligne médiane champ meso-branchial de His. Si les débris
épithéliaux n'étaient que le reliquat des fentes primitives, on ne comprendrait pas l'existence de débris médians. Mais, nous venons de le

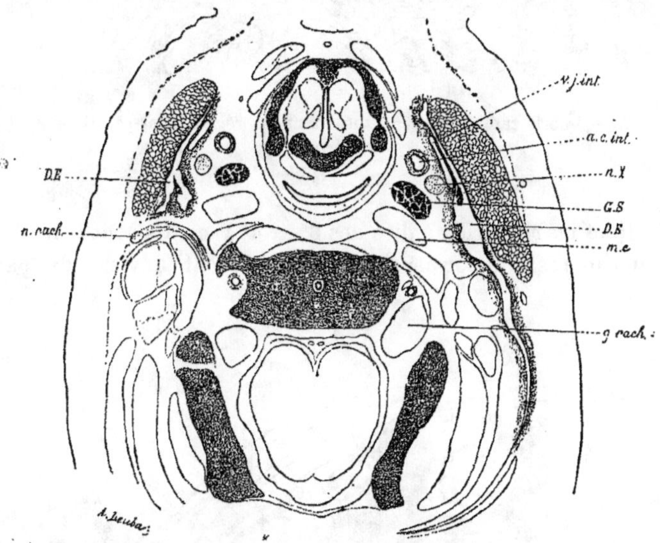

Fig. 16. — Coupe horizontale d'un embryon de 2 mois et demi au niveau du bord
inférieur du cartilage thyroïde.

v. j. int. Veine jugulaire interne. — *a. c. int.* Artère carotide interne. — *n. X.* Nerf
pneumogastrique. — *G. S.* Grand sympathique. — *D. E.* Débris embryonnaires
logés sous l'arc hyoïdien. — *m. sc.* Muscles scalènes. — *g. rach.* Ganglions
rachidiens.

voir, l'arc hyoïdien, par son développement considérable, enclave les
arcs 3 et 4 ; cet enclavement se fait aussi bien sur la ligne médiane que
sur les parties latérales. Ainsi se trouvent expliqués tous les kystes
dermoïdes sous-hyoïdiens et supra-sternaux. On comprend qu'ils soient
tout particulièrement fréquents dans la région thyro-hyoïdienne, car
là est l'angle du sinus précervical. On comprend que ces kystes adhèrent si souvent à la face profonde de l'os hyoïde quand on se représente

(schéma 15) l'arc hyoïdien surplombant les arcs sous-jacents.

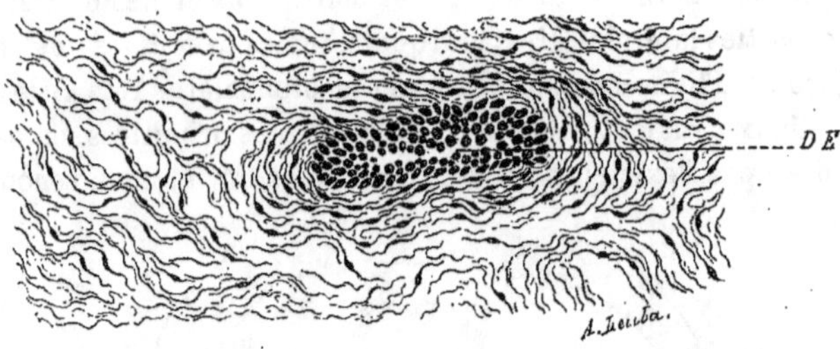

FIG. 17. — Débris embryonnaires situés dans la région sous-parotidienne (fœtus de 4 mois).

3° Il ne me reste rien à dire des 3ᵉ ET 4ᵉ ARCS. Ce sont leurs débris tégumentaires qui forment les tumeurs dont je viens de parler.

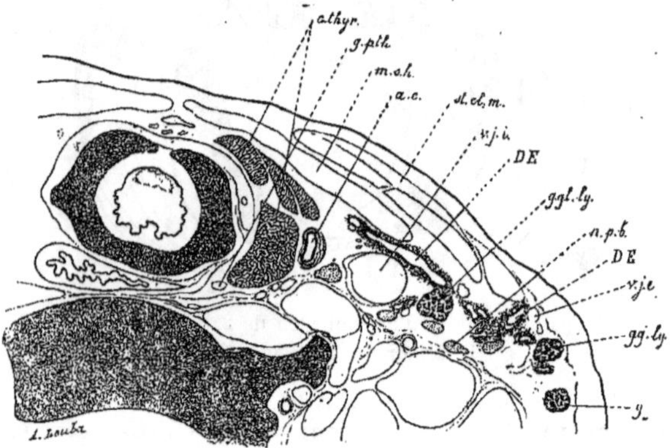

FIG. 18. — Schéma de la situation des débris au niveau de la partie majeure du cou (fœtus de 5 mois). La coupe passe au niveau du cartilage cricoïde.
c. thyr. Corps thyroïde. — c. pth. Corps parathyroïde. — m. s. h. Muscles sous-hyoïdiens. — a. c. Artère carotide. — st. cl. m. Sterno-cléido-mastoïdien. — D. E. Débris embryonnaires. — ggl. ly. Ganglions lymphatiques. — n. p. b. Nerfs du plexus branchial. — v. j. e. Veine jugulaire externe.

Combien il est peu intéressant pour nous de connaître le nombre exact des arcs branchiaux ! Qu'ils soient quatre ou cinq, ce sont des discussions d'embryologistes. Peu nous importe puisque tous ces arcs inférieurs ne forment qu'un en pathologie; ils ont même évolution.

A l'aide de ces données, si nous voulons bâtir un schéma de la situation des fentes chez l'adulte, nous voyons que l'ancien schéma de Cusset est absolument faux. Il eut une influence néfaste sur les tra-

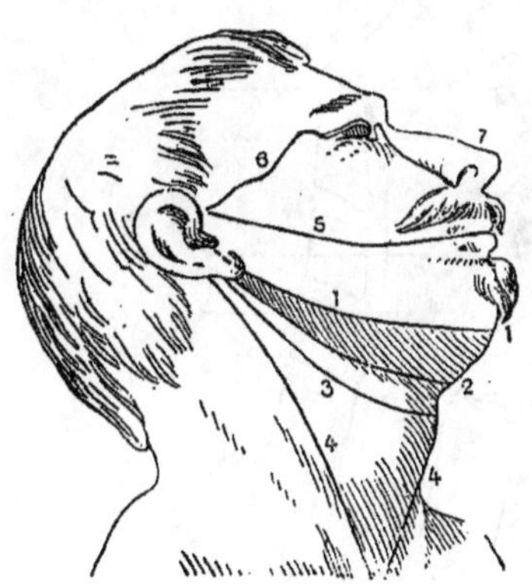

FIG. 19. — Schéma de Cusset absolument faux.

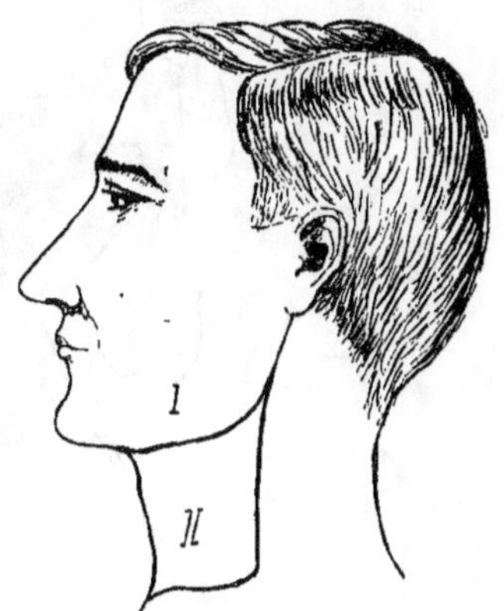

FIG. 20. — Schéma de la disposition des fentes branchiales au niveau du cou définitif.

vaux d'un grand nombre d'auteurs. Il doit être à tout jamais proscrit. Il doit être remplacé par le schéma ci-dessus (fig. 20).

L'arc maxillaire forme une partie de la région sus-hyoïdienne. L'arc hyoïdien forme la totalité des régions sous-hyoïdiennes et sus-sternales. Il s'est soudé en bas à l'ébauche du thorax; en arrière, à la masse proto-vertébrale, grâce au prolongement operculaire. Les arcs 3 et 4 sont enfouis sous l'arc hyoïdien.

2° Rôle des arcs branchiaux dans la constitution des parois pharyngiennes. — Ici la transformation des arcs est beaucoup plus simple. Les arcs conservent leur individualité propre. Ils entrent tous pour une part à peu près égale dans la constitution des parois pharyngiennes. Mon ami Cunéo a bâti un schéma qui montre la situation de ces fentes sur le pharynx définitif (Th. Decloux).

Les fentes disparaissent comme je l'ai dit à propos de la première fente branchiale externe. Elles laissent dans le mésoderme sous-jacent des débris épithéliaux, comme les fentes externes correspondantes. Je

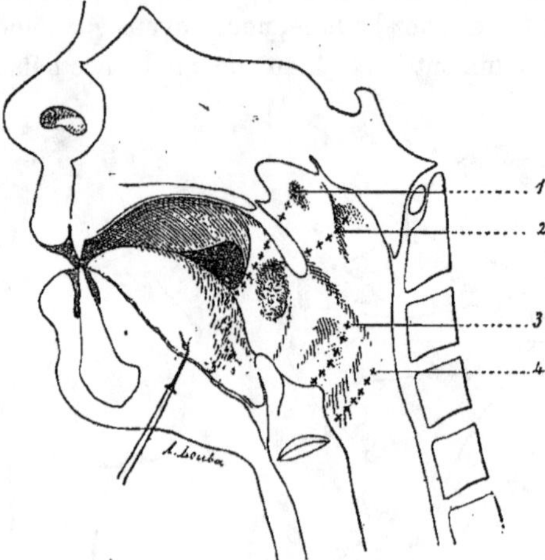

FIG. 21. — Trajet des fentes branchiales internes sur les parois latérales du pharynx (CUNÉO, in th. DECLOUX).

n'ai pu préciser quelle était leur importance respective dans les tumeurs de la parotide, dans les épithéliomas branchiaux.

Un fait reste acquis, c'est la possibilité de l'inclusion de la muqueuse sur les parois latérales du pharynx.

OBSERVATIONS

OBSERVATION I (personnelle).

Épithélioma branchial du cou, extirpation. — *Ligature de la carotide primitive.*
— *Mort quatorze jours après l'opération.*

J..., jardinier, 66 ans, entré le 3 mars 1896 à l'hôpital de la Charité (service
de M. le professeur Tillaux), salle Velpeau, lit n° 17, pour une tumeur du cou.

Antécédents héréditaires. — Père mort à 70 ans, malade très longtemps sans
tumeur. Mère morte à 70 ans ? Frère mort au service, ne sait de quoi. Deux
sœurs et un frère perdus de vue depuis quarante ans.

Antécédents personnels. — Né à Poitiers; dans son enfance eut une forte
fièvre qui dura deux mois avec céphalalgie et tremblements. Quitte Poitiers à
20 ans, employé au chemin de fer à La Rochelle et au Mans.

En 1866 se fixe en Normandie, à La Villedieu. Travaille au balast. Marié.
Pas d'enfant. Sa femme n'a pas eu de fausse couche. Toujours très bien
portant, d'une forte constitution. En mars 1895, influenza qui dura deux mois.

Début de l'affection actuelle, fin septembre 1894. Par hasard le malade
s'aperçoit d'une petite tumeur visible à l'œil, saillante sous la peau. Au toucher,
elle était dure comme actuellement et toute ronde. Elle ne se mobilisait guère
et n'adhérait pas à la peau. Elle siégeait au-dessous et en arrière de l'angle de
la mâchoire à peu près à la jonction apparente du sterno-cléido-mastoïdien et
du trapèze, à la partie postéro-supérieure de la tumeur actuelle. Elle ne déterminait aucune douleur et ne grossissait pas par l'effort.

Vers la fin d'octobre, le malade commence à éprouver de la céphalalgie : c'est
le premier symptôme fonctionnel. Elle consiste en élancements dans la moitié
correspondante du crâne, surtout dans la région sus-orbitaire ; elle est nettement
unilatérale et plus intense la nuit ou quand la tête est penchée et le malade
dit qu'il ne pouvait pas travailler à cause de cette impossibilité de baisser la
tête ; cette douleur augmente par les efforts et gêne considérablement le
sommeil.

A la fin d'octobre, le malade commence à éprouver de la difficulté à avaler,
il a une sensation de constriction qui l'oblige à tendre le cou et faire effort
pour faire passer ses aliments. Les liquides passaient bien, mais le moindre
bol un peu résistant subissait un temps d'arrêt et déterminait de la toux. Cette
dysphagie ne fait que s'accroître, (le malade n'a jamais mangé normalement),
elle est très régulière, jamais d'amélioration. Vers cette époque, la céphalalgie

s'est améliorée un peu. La tumeur est devenue grosse comme un œuf et cet accroissement semble avoir été assez rapide. Elle est en partie réductible. Le malade dit qu'il pouvait la faire disparaître presque complètement, quand il lâchait son doigt elle partait comme un ressort; elle était absolument indolente.

Au commencement de janvier 1890, la céphalalgie devient le symptôme capital, elle est très vive, empêche le sommeil qui depuis cette époque n'a jamais été bon, elle siège dans la même région et se caractérise par une sensation de battement synchrone à la pulsation cardiaque. A ce moment le malade ressent des bourdonnements d'oreilles qui accompagnent les exacerbations de la céphalalgie; ce sont des battements plutôt que des bourdonnements qui surviennent trois ou quatre fois par jour et davantage la nuit; ils sont calmés quand la tête est droite. La toux qui, au début, était provoquée par la présence des aliments, devient spontanée, précédée d'une sensation de picotements qui détermine une sorte de raclage continuel qui incommode beaucoup le malade.

Pendant ce mois de janvier, le malade mange peu et commence à maigrir.

En février, la voix commence à changer, elle est cassée et semble avoir baissé de ton. La céphalalgie conserve sa même intensité, la dysphagie s'accroît, les bourdonnements d'oreille deviennent presque continuels. La tumeur grossit à peine, elle est plus volumineuse la nuit que dans la journée et la réductibilité est moins nette que précédemment. C'est pour cette tumeur et surtout en raison de l'insomnie et des troubles de la déglutition que le malade se décide à consulter un médecin qui l'envoie immédiatement à Paris.

ÉTAT ACTUEL. — *Signes physiques*. — A l'inspection, on note une tumeur siégeant sur la partie antéro-latérale du cou, du volume d'un gros œuf de dinde; elle fait une saillie très appréciable, ovoïde, à grand axe légèrement oblique en bas et en dedans. La peau qui la recouvre est à peine rouge et non vascularisée. En haut, elle est séparée du bord inférieur du maxillaire par un sillon profond. En avant, elle s'avance jusque sur la ligne médiane qu'elle dépasse même un peu. En bas, il existe un sillon profond qui la sépare de la clavicule; mais, du côté interne, ce sillon est effacé comme par un pédicule qui se continue sur la clavicule et le sternum. En arrière, la face postérieure de la tumeur est sur le même plan que les fossettes latérales de la nuque. En examinant à jour frisé on croit reconnaître un léger battement de la partie inférieure de la tumeur (fig. 1).

La palpation montre que la tumeur est fluctuante, mais d'une façon irrégulière. En haut et en bas la fluctuation est nette, la partie moyenne est dure, la fluctuation se communique mal du pôle supérieur au pôle inférieur. La peau qui recouvre la tumeur est très mobile. Quand on cherche la mobilité profonde, on peut facilement imprimer à la masse des mouvements de latéralité. On est bridé dans les mouvements verticaux. Le sterno-mastoïdien se sent au niveau du bord postérieur de la tumeur. Son faisceau sternal bride celle-ci; c'est lui qui forme le pédicule inférieur. En faisant contracter le sterno-mastoïdien la tumeur se tend, mais ne semble pas se réduire. La trachée n'adhère pas à la tumeur que l'on peut isoler du conduit. Dans les mouvements de déglutition la tumeur ne subit aucune ascension. Les adhérences avec les vaisseaux sont difficiles à préciser ; l'examen du pouls de la temporale superficielle ne montre aucun retard dans les deux pulsations ; la force est aussi considérable à droite qu'à gauche. L'auscultation ne fait entendre aucun souffle ; mais, en pressant un peu fort avec le stéthoscope, on obtient un souffle doux, systolique. Pas de modifications de la pupille.

La réductibilité a été étudiée très spécialement. Quand le malade s'est présenté à la consultation, M. Després appuya en masse sur la tumeur, et à la suite d'une pression prolongée et en déployant une force assez considérable il obtint une réduction presque complète. Cependant, la tumeur avait conservé ses noyaux d'induration et une coque qui la fit comparer à la poche d'un abcès froid quand il a été vidé. Cette réduction brutale détermina des phénomènes assez alarmants : le malade devint pâle, eut une sensation de défaillance, fut pris de tremblements et se serait trouvé mal si on ne l'avait pas couché immédiatement ; ces phénomènes durèrent quelques minutes. La tumeur, qui avait presque complètement disparu, mit plus de vingt minutes à se reproduire et ce gonflement se fit lentement et sans battements. On ne tenta pas une nouvelle réduction.

Une ponction fut faite le 3 mars, à la seringue de Pravaz, dans la partie inférieure la plus fluctuante. Elle donna, avec la plus grande facilité, une pleine seringue de sang noir où le microscope (Pillet) montra une abondante proportion de globules blancs.

Le cathétérisme de l'œsophage fut pratiqué très facilement et n'indiqua aucun rétrécissement ; l'examen laryngoscopique fut négatif.

Symptômes fonctionnels. — La dysphagie est très marquée ; le malade ne peut déglutir que les liquides, il ne peut même pas avaler la pâte d'Italie de son potage ; il a très nettement la sensation d'un arrêt au niveau de la tumeur et aussitôt il est obligé de cracher ; pas de vomissements œsophagiens. La voix est peu timbrée, il n'y a pas de dysphonie ; le malade est agité par une petite toux sèche, sorte de raclage qui le gêne beaucoup ; ce symptôme est beaucoup moins marqué quand le malade marche ou est debout. La céphalalgie est moins intense qu'au mois d'octobre, mais elle est continuelle, elle a les mêmes caractères qu'au début : douleur dans la région sus-orbitaire, battements.

Le 12 mars, le malade fut en proie à des douleurs très intenses ; pendant la nuit, sensation de constriction qui le fit tousser continuellement. Il lui sembla que la tumeur grossissait et n'était pas le siège de battements.

Le matin on trouva la tumeur peut-être un peu augmentée de volume avec une saillie lobulée surajoutée à la partie postéro-inférieure de la masse primitive.

Le 20 mars, le malade a été très agité pendant la nuit, la tumeur a été le siège de douleurs continuelles et uniformes, mais le malade est étonné le matin de remarquer que la déglutition est beaucoup moins gênée ; il mange le pain de sa soupe et d'autres aliments bien mâchés qu'il ne pouvait pas prendre depuis longtemps. Il reconnaît que depuis qu'il est entré à l'hôpital son état général a subi une amélioration notable.

OPÉRATION, le 7 avril, par M. RIEFFEL, chef de clinique. — Anesthésie au chloroforme ; incision oblique suivant le grand axe de la tumeur, sur le bord antérieur du sterno-cléido-mastoïdien. Le bord antérieur de ce muscle est mis à nu et libéré très facilement de la tumeur ; il est confié à un écarteur. La tumeur apparaît de couleur violacée, bosselée ; sa face superficielle, encapsulée, est facilement mise à nu. La tumeur est abordée par son pôle inférieur ; on la sépare facilement de l'omo-hyoïdien qui la bride ; les gros vaisseaux apparaissent au-dessous de la tumeur facilement isolés. L'hémorrhagie est très abondante. Un fil d'attente est posé sur l'artère, prêt à être serré dans le cas où l'écoulement de sang serait trop abondant. M. Rieffel cherche à isoler la tumeur de bas en haut ; il est arrêté très rapidement par des adhérences de la masse néoplasique aux vaisseaux, le niveau de cette adhérence répond exactement à la bifurcation de l'artère carotide primitive que l'on ne peut apercevoir derrière la tumeur.

La tumeur est alors abordée par son pôle supérieur ; on dépasse ce pôle et on isole sa face profonde. L'hémorrhagie est considérable, mais on peut encore s'en rendre maître par la compression ; l'os hyoïde n'apparaît pas à proximité de la tumeur, il est notablement en dedans. Peu à peu, la séparation de la face profonde de la tumeur devient plus difficile ; on reconnaît la linguale, mais l'hémorrhagie redouble, et dans la crainte de ne pouvoir s'en rendre maître, M. Rieffel serre le fil d'attente placé sur la carotide primitive. La fin de l'opération en est beaucoup facilitée ; on peut alors séparer la tumeur de l'artère, mais les connexions avec la veine sont tellement étroites qu'on est obligé de réséquer un segment long de 5 centim. Dans la cavité creusée par l'extirpation de la tumeur on n'aperçoit que la carotide qui bat ; le pneumogastrique est à peine visible. Cette cavité est comblée par le rapprochement des plans profonds. — Drainage, suture.

SUITES DE L'OPÉRATION. — Le soir, le malade se trouve bien, il a toute sa connaissance, ne se plaint que de la soif et ne semble pas souffrir de la dysphagie ancienne. T. 37o,4.

La nuit se passe bien.

Le lendemain (8 avril) à la visite, on est tout étonné qu'il ne réponde pas aux questions qu'on lui pose, rien jusqu'alors n'avait été remarqué d'anormal dans son état, mais le malade semble avoir toute sa connaissance ; ses yeux parlent pour lui. T. 37o,1.

Le soir, même état. T. 37o,6.

Le 9. Paralysie du côté droit ; hémiplégie complète ; cependant il existe quelques petits mouvements fibrillaires dans les jambes. Le membre est raide et cette raideur empêche de connaître l'état des réflexes. Paralysie faciale ; le coin de la bouche est abaissé du côté correspondant. La pupille est inégale, plus dilatée à droite ; la sensibilité ne semble pas atteinte, et quand on pique les membres paralysés le malade manifeste sa douleur par des mouvements du côté opposé. L'aphasie est aussi complète. T. (matin) 39°,7 (soir) 37°,4, le pouls est à 98 le matin, 104 le soir.

Le 10. Paralysie vésicale. Vomissements à deux reprises dans la journée. Même état général. T. 37°,1—37°,5 ; pouls, 110—95.

Le 11. Même état. Le malade semble avoir moins conscience de ce qui l'entoure ; il ne manifeste plus qu'il entend et ne répond par des signes qu'après avoir été très pressé ; il semble dormir. Cet état est continuel. On le réveille pour le sonder et pour lui faire absorber un peu de lait qu'il avale sans difficulté. T. 36°,8-37° ; pouls, 104-100.

Le 12. Même état. La prostration redouble. T. 37°-37°,2 ; pouls, 108-110.

Le 13. Le malade n'a plus aucune notion des questions qu'on lui pose. T. 36°,4-36°,9 ; pouls, 112-95.

Le 14. Même état comateux. Le malade continue à absorber une petite quantité de lait qu'il avale facilement. T. 37°—37°,4 ; pouls, 108—108.

Le 15. Même état. Le malade absorbe de plus en plus difficilement. T. 37°,1-36°,9 ; pouls, 100—86.

Le 16. Le matin, on trouve le malade mort dans son lit sans que rien n'ait indiqué son trépas.

L'*autopsie* n'a pas été accordée, mais par la plaie opératoire on a pu retirer le pharynx, le larynx avec la langue.

Un examen minutieux n'a révélé aucune ulcération.

EXAMEN DE LA TUMEUR, enlevée le 7 avril, au cours de l'opération.

La tumeur a le volume du poing ; elle est ovoïde et assez régulière. A sa surface on voit des petits débris de muscles non adhérents. La tumeur mesure 15 centimètres de haut et 7 d'épaisseur. Il n'y a pas de ganglions annexés à la tumeur. Sur la face interne de la masse, on voit la veine jugulaire interne accolée faisant corps avec la tumeur ; il est impossible de la disséquer ; sa cavité en est libre. La zone de fusion existe sur une hauteur de 6 centimètres environ.

A la coupe, on trouve un kyste volumineux ; il s'écoule du sang noir presque pur. La paroi du kyste représente absolument la paroi de l'oreillette avec des saillies simulant par leur disposition, leur volume, leur couleur, les cordages musculaires de cette cavité cardiaque.

Le kyste est unique ; il n'y a pas de cavités diverticulaires.

Les parois ont une épaisseur d'un centimètre environ. Celle-ci diminue du côté de la face antérieure où elle n'est plus que de quelques millimètres. Nulle part je n'ai trouvé d'orifices ni avec l'extérieur ni avec la jugulaire interne.

A la coupe cette paroi est formée par un tissu demi-mou qui s'est coupé facilement. La pression n'en fait écouler aucun suc ; il existe par places, surtout à la partie supérieure, des îlots comme gélatineux.

Examen histologique. — Les coupes ont été faites dans les parois d'un kyste sanguin perpendiculairement à la paroi.

Topographie. — Examinées à un faible grossissement, les coupes présentent du côté de la cavité du kyste une membrane très colorée formée par la réunion de deux sortes de tissus d'aspect différent. En certains points elle présente un aspect clair. En d'autres elle est plus colorée. La substance claire est formée par du tissu myxomateux. Les points colorés sont dus à des cellules.

Conformément au plan général que j'ai adopté, je décrirai :

    a) Les cellules fondamentales ;

    b) Le tissu myxomateux ;

    c) Le stroma conjonctif;

    d) Les vaisseaux.

a) *Cellules fondamentales.* — Les cellules types de la tumeur que j'appellerai cellules fondamentales, pour ne pas préjuger de leur nature, se présentent sous deux aspects : les unes sont franchement épithélioïdes ; les autres sont diffuses dans le tissu conjonctif.

1° Les cellules fondamentales superficielles forment autour de la cavité kystique un revêtement épithélial discontinu.

Dans la plus grande partie de la surface interne du kyste ce revêtement a même complètement disparu. Il est formé par un grand nombre d'assises qui prennent fortement la couleur. Les cellules profondes s'implantent perpendiculairement sur une membrane anyste. Les cellules superficielles semblent changer d'orientation et devenir obliques ou parallèles à la surface.

Les cellules plus centrales semblent perdre la faculté de se colorer et tombent dans la cavité.

Dans les endroits types, cette bande de cellules repose sur le stroma dont elle est séparée par une mince couche anhiste.

La séparation en ces points est donc très nette, c'est ce qui explique comment la couche épithéliale a pu se séparer en entier. Pour le mieux montrer, il est des points où la bande déjà séparée par un artifice de préparation flotte dans la cavité kystique.

Cette bande épithéliale envoie dans la profondeur des bourgeous qui donnent à la coupe l'apparence d'un épithélioma tubulé dans les points où ils sont nombreux. Ces prolongements doivent être très irréguliers, car ils se présentent sous des aspects très variables. En un point, un de ces bourgeons coupé perpendiculairement présente une cavité centrale dans laquelle on trouve des débris cellulaires de forme irrégulière, qui paraissent être des cellules de la paroi ayant subi un processus dégénératif. Certains de ces boyaux sont entourés d'une capsule conjonctive très nette qui les isole des couches sousjacentes. Mais vers la profondeur, la limite des boyaux est peu nette et alors les cellules se continuent avec les cellules fondamentales profondes. La question est de savoir si cette continuité est purement fortuite, si les cellules fondamentales superficielles n'ont que des rapports de contact avec les cellules fondamentales profondes, ou, au contraire, si ces éléments se transforment l'un dans l'autre, s'il y a des rapports de genèse. C'est un point capital que j'ai cherché à préciser avec la plus grande exactitude possible.

En certains points, les prolongements épithéliaux sont en rapport avec une grande quantité de cellules arrondies très colorées qui ne ressemblent en rien aux cellules fondamentales profondes. Ces cellules ne sont vraisemblablement que des lymphocytes. Elles ne se rencontrent que là du côté de la paroi interne du kyste qui, je le rappelle, était rempli de sang. Dans ces points, on voit les cellules devenir volumineuses, perdre la faculté de se colorer et disparaître comme étouffées par ces éléments. Ici l'épithélium est vaincu, il disparaît.

En d'autres points plus rares, on peut assister à la transformation des cellules superficielles en profondes. J'ai fait représenter un de ces points (fig. 3). On voit au centre un amas de cellules fondamentales superficielles d'aspect très nettement épithélial. Cet amas était isolé dans le tissu conjonctif et représentait probablement le sommet d'un prolongement. On voit que sur les 2/3 de cette surface il est séparé du stroma par une membrane anhiste. Mais l'autre tiers représente comme un hile par lequel l'amas épithélial communique avec les couches sous-jacentes. A ce niveau on assiste à la transformation des cellules qui, d'arrondies ou ovalaires, s'étirent, deviennent polyédriques. Pour bien montrer que cet amas épithélial n'est pas différent des cellules qui limitent la paroi interne du kyste, on voit qu'au centre les cellules ont subi une transformation absolument analogue à celle que présentent les couches superficielles des bandes de revêtement.

2° Les cellules fondamentales profondes sont des éléments peu volumineux de 5 à 6 μ, arrondis ou ovalaires. Elles prennent très fortement les colorants.

Les cellules se disposent sur toute la coupe.

A la périphérie elles touchent, comme nous l'avons déjà vu, à la bande superficielle. J'ai déjà montré leur transformation réciproque. Ces cellules fondamentales, mêlées à des lymphocytes, forment là, dans la couche interne de la paroi, une zone condensée dont la densité semble diminuer de la superficie vers la profondeur.

Au centre de la paroi, ces cellules fondamentales forment une bande plus ou moins dense dans laquelle on remarque simplement quelques fibres conjonctives et des espaces vides qui semblent être des lymphocytes.

Sur le bord, les cellules sont moins denses. Elles forment tantôt des amas vaguement arrondis, tantôt des traînées fusiformes. Par places, elles sont nettement disposées en un réseau plexiforme, dont les mailles allongées ne sont remplies que par du tissu myxomateux. Dans ces boyaux, les cellules semblent homogènes; on ne trouve pas de traces de vaisseaux (fig. 4 p. 36).

b) *Tissu myxomateux*. — Le tissu myxomateux forme la plus grande partie du stroma.

D'une façon générale il est formé d'une substance d'apparence homogène, très faiblement colorée en jaune par l'acide picrique. Les noyaux ont l'aspect de bâtonnets allongés, rarement étoilés. En somme, ce n'est pas du tissu myxomateux typique. Il ressemblerait plutôt à du tissu conjonctif dense dont les fibres auraient été remplacées par une substance fondamentale homogène. En certains points, on peut en suivre la transformation, et on constate nettement que ces parties claires, transparentes ne sont pas dues à une dégénérescence colloïde des éléments cellulaires, ni à un dépôt interstitiel d'une substance analogue. Elles semblent résulter de la transformation du tissu conjonctif, car on voit ces faisceaux perdre leur fibrillation, se gonfler et se continuer avec les parties claires.

Ce tissu myxomateux est tantôt diffus entre les cellules et les éléments du tissu fibreux, tantôt rassemblé en boyaux.

Dans la zone moyenne de la paroi, sur certaines coupes, il existe une traînée très longue et étroite dans laquelle les boyaux, tous parallèles, semblent disposés concentriquement à la surface interne du kyste, comme si, là, il y avait eu une couche de tissu conjonctif ordinaire qui ait subi en masse la transformation myxomateuse. Dans la couche externe le tissu myxomateux est le plus typique. Les cellules sont presque toutes étoilées. Il n'existe là aucune démarcation entre les cellules fondamentales et les cellules muqueuses. Il semble que l'on assiste à une transformation.

c) *Tissu conjonctif*. — Le tissu conjonctif est formé par du tissu fibreux que l'on trouve à tous les stades de son évolution ; il est peu abondant.

d) *Vaisseaux*. — Les artères sont très développées dans la paroi du kyste. Elles sont souvent même très volumineuses. Elles s'avancent jusque près de la paroi interne. On voit très nettement sur une de ces coupes une artériole qui se détache d'un gros tronc ; elle traverse la paroi et se perd à quelque distance de la surface kystique ; ce devait être une des sources du sang de la cavité.

Les lymphatiques sont abondants dans la zone moyenne. Ils sont souvent entourés par des cellules fondamentales profondes.

OBSERVATION II (personnelle).

Épithélioma branchial du cou ayant comprimé et ulcéré le pharynx. —
Extirpation. — Récidive. — Mort.

Étienne V..., emballeur, 43 ans, entre le 14 avril 1898 à l'hôpital Laënnec (service de M. Reclus), salle Chassaignac, lit n° 19, pour une tumeur du cou.

Antécédents héréditaires. — Mère morte, à 50 ans, de cancer de l'estomac. Père mort de vieillesse.

Antécédents personnels. — Variole à 15 ans ; fracture de jambe à 25 ; très bonne santé habituelle. Il a reconnu la présence de cette tumeur au mois de janvier ; elle était indolente et sa présence n'a été révélée que par une palpation fortuite. Elle était mobile, dure comme une bille et siégeait au-dessous de la grande corne de l'os hyoïde du côté droit. Peu à peu elle augmenta de volume et atteignit la dimension d'un œuf en perdant peu à peu sa mobilité. Aucun phénomène fonctionnel.

Tout allait bien : le malade s'apercevait à peine de sa tumeur quand, vers le milieu du mois de mars, il fut pris subitement d'une violente quinte de toux et cracha une quantité de sang qu'il évalue à un verre. Il constata en même temps que sa tumeur diminuait. Vers la même époque il remarqua que sa voix changeait. Elle était parfois complètement éteinte et avait par moments un timbre bizarre. Vers cette époque, il commença à souffrir de douleurs lancinantes, intermittentes, irradiées dans la région temporale. Depuis ce moment son expectoration était mélangée d'une certaine quantité de sang; il aurait remarqué que lorsqu'il ne crachait pas de sang, sa tumeur augmentait de volume et les douleurs étaient plus vives. Le 14 avril, il entre à l'hôpital parce qu'il sentait ses forces diminuer et qu'il croyait remarquer que sa tumeur augmentait de volume.

ÉTAT ACTUEL. — Le malade est d'une pâleur considérable; ce n'est pas la teinte jaune paille du cancer, c'est plutôt la teinte des individus qui ont perdu une grande quantité de sang; du reste, le patient n'est pas amaigri, il est plutôt bouffi. Cependant l'analyse des urines ne montre pas d'albumine. A l'inspection de la région du cou, on note une tuméfaction très marquée de la région carotidienne droite; la peau qui la recouvre ne présente pas de modifications. La région sus-claviculaire est le siège d'un gonflement œdémateux peu marqué.

La palpation montre une tumeur de consistance dure, élastique, bien limitée, formée par une masse principale supérieure arrondie, régulière, à la partie inférieure de laquelle on sent comme un prolongement. Elle a le volume d'une pomme. En haut, elle est séparée du bord inférieur du maxillaire par un sillon notablement plus profond en avant qu'en arrière. En arrière, la tumeur empiète sur la région sterno-mastoïdienne et il est facile de se rendre compte que la tumeur est recouverte par ce muscle. En dedans, elle atteint le cartilage thyroïde sans le refouler. En bas ses limites sont mal précises. Le corps thyroïde est facilement senti, non augmenté de volume. La mobilité de la tumeur est difficile à préciser; elle semble un peu plus mobile transversalement que verticalement; elle ne suit pas les mouvements de la déglutition.

L'examen de la cavité buccale est absolument négatif.

Examen laryngoscopique. — M. Cuvillier nous a communiqué la note suivante: Rien du côté de l'épiglotte, sauf que l'orifice glottique est un peu rétréci. A droite, la portion inter-aryténoïdienne est très hypertrophiée et forme une saillie de la grosseur d'une noisette; à gauche, la région inter-aryténoïdienne est aussi hypertrophiée et forme avec la bande ventriculaire correspondante deux replis qui oscillent. A chaque inspiration, les bandes ventriculaires sont aussi hypertrophiées et cachent les cordes vocales en totalité.

Symptômes fonctionnels. — Pendant son séjour à l'hôpital, le malade accuse les mêmes douleurs lancinantes, les troubles de la respiration se sont accrus. La dyspnée est particulièrement intense la nuit. On se tient prêt à faire la trachéotomie. L'aphonie est devenue plus marquée; la voix est presque complètement éteinte. La déglutition est un peu gênée; l'expectoration est remarquable. Les crachats sont chargés de sang; les uns sont totalement sanguinolents, les autres sont muqueux avec des stries plus ou moins abondantes. Un matin, le malade a attiré notre attention sur des détritus qui pouvaient être des débris de tumeur ou des aliments qui auraient séjourné dans une cavité.

Le diagnostic fut : cancer du pharynx développé dans la région cervicale ou cancer d'un lobe aberrant du corps thyroïde.

Opération le 1er mai (M. J.-L. Faure). — Anesthésie chloroformique ; trachéotomie. On introduit une canule ordinaire. Il y a eu syncope arrêtée par la respiration artificielle. Incision en fer à cheval. Les branches verticales sont situées de chaque côté de la trachée, la branche horizontale sur la membrane thyro-hyoïdienne. La peau est rabattue en bas. Hémorrhagie peu abondante. On met à nu la membrane thyro-hyoïdienne qu'on incise ; un doigt dans le pharynx la montre absolument saine. Suture de cette membrane. On attaque alors la tumeur. En avant, on pénètre facilement dans une capsule qui permet d'isoler la tumeur du sterno-cléido-mastoïdien ; le sterno-hyoïdien est étalé mais non adhérent : il est facilement disséqué. En arrière, en cherchant à décoller, on ouvre une poche remplie d'un liquide noir fétide soumis à une grande tension ; on isole deux pédicules vasculaires qui saignent abondamment. En dedans, on décolle la tumeur du conduit laryngo-trachéal et on entre dans une poche qui s'étend sur la paroi postérieure du pharynx et est pleine de caillots énormes. On découvre que cette poche communique avec le pharynx par un orifice situé sur la paroi latérale, au niveau de la grande corne de l'os hyoïde, ayant environ un centimètre de diamètre. Les bords de cet orifice n'ont aucun caractère néoplasique. Après un léger avivement, on en fait la suture. La tumeur est enlevée. L'hémostase est difficile à faire, on laisse une pince à demeure. Drainage, suture.

Les suites de l'opération furent bonnes ; le soir, le malade ne souffrait pas ; le lendemain, il commence à prendre du lait. Ablation des pinces. La plaie se cicatrise lentement.

Le 23 mai (23e jour), le malade sort n'ayant qu'une petite fistule par où s'écoule un peu de sang. Pansement à la consultation deux fois par semaine.

20 juillet. Le malade revient avec une ulcération du volume d'une pièce de 50 centimes située au point culminant d'une tumeur mal limitée siégeant dans la région carotidienne. Les douleurs ont reparu depuis quelques jours, consistant en élancements dans la région temporale correspondante. La voix n'est pas troublée, la déglutition est un peu gênée, mais beaucoup moins qu'avant l'intervention. L'état général est mauvais ; il y a de l'œdème des jambes, la face est pâle, les paupières sont œdématiées.

En raison de l'extension de la tumeur, de ses adhérences profondes, M. Faure refuse une seconde intervention.

La cachexie est progressive et le malade s'éteint lentement, le 25 août, près de quatre mois après l'intervention.

Examen de la pièce retirée, le 1er mai, au cours de l'intervention chirurgicale.

La tumeur extirpée a la forme d'un ovoïde à grosse extrémité supérieure. Sa couleur est grisâtre ; elle possède une capsule très nette.

Sa face antéro-externe est régulière, de même que sa face postérieure ; sa face interne présente une saillie notable qui s'insinue profondément à côté et en arrière du pharynx.

La tumeur ne présente pas trace d'envahissement pharyngien.

Quand on incise la tumeur, on trouve une cavité très irrégulière remplie d'un détritus noir qui est du sang modifié. Les parois ont une épaisseur d'environ un centimètre, en maints endroits on reconnaît des hémorrhagies interstitielles, surtout abondantes du côté de la cavité et formant souvent de véritables petits kystes remplis de sang comme le grand kyste et ne communiquant pas avec lui.

A son extrémité inférieure la tumeur envoyait une pointe qui longeait la trachée et avait refoulé en avant et en dedans le corps thyroïde sans lui adhérer. C'est dans cette pointe que j'ai pratiqué les coupes où l'on assiste à la formation de la tumeur (voir examen histologique).

Autopsie (27 août). — La peau ne s'est pas cicatrisée au niveau de la partie droite de l'incision, en introduisant un stylet dans la plaie on pénètre dans une cavité profonde de 3 centim. et on sent le cartilage thyroïde à nu. Il existe un œdème très marqué du creux sus-claviculaire correspondant.

La peau est disséquée; elle adhère au niveau de l'ulcération et sur une longueur de 5 centim. au niveau de l'incision primitive.

Plus profondément il est impossible de disséquer le bord antérieur du sterno-cléido-mastoïdien; il se confond avec une masse très irrégulière infiltrée entre les tissus vasculaires et peu dense. Cette masse s'étend en dedans sur le cartilage thyroïde auquel elle adhère. En bas elle se prolonge derrière le corps thyroïde, descend dans le creux sus-claviculaire et se continue avec des masses ganglionnaires situées dans le médiastin. — En haut elle ne dépasse pas l'hyoïde. — En dehors elle entoure l'artère carotide interne et la veine jugulaire interne. L'artère est facile à disséquer, mais la veine est fusionnée avec la tumeur; elle est cependant perméable. Les muscles sterno-thyroïdien et omo-hyoïdien, qui ont été sectionnés au cours de l'opération, forment une masse confondue avec la partie supérieure de la tumeur.

Le bord inférieur de la tumeur se poursuit sur le côté de la trachée par une chaîne ganglionnaire qui pénètre jusque dans le médiastin; les ganglions supérieurs sont les plus gros, ils ont le volume d'une petite noix. Les inférieurs qui se placent sur le flanc de la veine cave supérieure sont gros comme une noisette. L'artère thyroïdienne inférieure est intacte dans toute son étendue. La thyroïdienne supérieure n'a pu être retrouvée; elle a dû être sectionnée au cours de l'intervention.

Le corps thyroïde est refoulé en avant de la tumeur; il est légèrement hypertrophié.

L'orifice pharyngien est cicatrisé, il siégeait sur la face latérale postérieure à peu près au niveau de l'os hyoïde.

Le cœur est gros, chargé de graisse; le poumon est sain; les reins sont gros et blancs.

Examen histologique. — Les coupes se présentent sous deux aspects tout à fait distincts. Nous les étudierons successivement, car ils nous permettront de bien comprendre l'évolution de cette tumeur.

Nous verrons d'abord la zone d'accroissement, puis la zone que l'on pourrait appeler adulte.

A. — ZONE D'ACCROISSEMENT. — Les coupes ont été faites sur la pointe inférieure de la tumeur qui descendait sur les côtés de la trachée. Elles ont une surface de section arrondie, limitée par une zone de tissu cellulaire, lâche, dans laquelle rampent de nombreux vaisseaux. Cette surface arrondie est cloisonnée complètement par un ou plusieurs éperons qui se détachent de la capsule.

A un faible grossissement, on remarque que la tumeur est entourée d'une bande fortement colorée. Cette bande, d'épaisseur variable, est très nettement limitée du côté périphérique ; elle se perd insensiblement du côté central. Le centre de la coupe est occupé par une masse finement granuleuse dans laquelle un faible grossissement montre déjà de volumineux vaisseaux.

A un fort grossissement, nous pouvons prendre connaissance des détails de structure.

Conformément à mon plan, j'étudierai successivement :

    a) Les cellules ;

    b) Le stroma ;

    c) Les vaisseaux.

a) Les *cellules* forment la bande colorée ; elles sont très denses dans la couche périphérique ; elles acquièrent toute leur netteté dans la zone sous-scapulaire.

A ce niveau, on se rend très bien compte qu'elles naissent isolées sous forme d'éléments très petits, arrondis.

Mais aussitôt, ces éléments se systématisent et s'ordonnent pour former des vésicules. Ils se disposent autour d'un point central, mais ils sont très rapprochés et ne forment qu'une masse où il est quelquefois difficile de distinguer les ébauches de vésicules.

Au centre de cette vésicule, il commence déjà à s'accumuler une boule arrondie qui prend une couleur jaune orange à l'éosine hématoxylique. A ce stade, cette formation donne absolument l'aspect d'une cellule très volumineuse dans laquelle la boule centrale serait le noyau, et les vrais noyaux des cellules (colorées très fortement en violet) seraient des granulations protoplasmiques. Ce pseudo-noyau renferme parfois des débris cellulaires qui font croire à des nucléoles.

En s'avançant du côté central ces ébauches de vésicules suivent des évolutions différentes. Quelques-unes se rapprochent encore davantage du type vésiculaire (une assise de cellules entourant une boule colloïde). D'autres en un plus grand nombre se transforment.

Un premier degré est marqué par la diffusion de la substance sécrétée, et alors la vésicule prend en masse une teinte uniformément jaune sur laquelle se détachent très nettement les noyaux colorés en violet.

Cette diffusion de la sécrétion se fait uniformément à la surface de la coupe. Les masses jaunâtres forment tout le long de la capsule une zone concentrique.

Bientôt cette diffusion colloïde disparaît et en dehors de la zone jaunâtre les cellules deviennent claires. A ce stade, les cellules sont à un degré plus avancé de dégénérescence. La masse des cellules qui formait la vésicule simule une cellule unique nettement limitée par une membrane enveloppe, contenant jusqu'à 15 noyaux de cellules mères et quelquefois, pour en montrer l'origine, entourant une masse centrale légèrement jaunâtre, reste de la substance colloïde ou des débris cellulaires qui l'ont formée. A ce stade, on croirait absolument être en présence de cellules tout à fait spéciales.

Cette disposition est très nette parce que les cellules sont isolées, dissociées, dans une masse amorphe, très vaguement colorée en rose-jaune par l'éosine. Cette masse n'est probablement que la substance colloïde qui a diffusé des vésicules.

Il existe parfois des masses distinctes de cette substance complètement amorphe et comme isolée ; elles sont quelquefois arrondies, d'autres fois polyédriques ; elles s'adaptent à la forme des cellules qui les entourent.

Peu à peu en se rapprochant du centre, on voit apparaître de très fins capillaires avec une paroi endothéliale et des noyaux très nets ; au contact de ces capillaires il n'y a aucune production cellulaire.

Dans les points où la dégénérescence est plus accentuée, on ne trouve plus qu'une masse amorphe ; avec quelques-unes de ces pseudo-cellules encore un peu nettes, mais toutes, beaucoup moins colorées et quelques-unes même complètement incolores.

Tel est le type de l'évolution des cellules qui, de pariétales actives, deviennent centrales et se nécrosent.

En certains points, la couche active est très mince. On ne peut assister à la transformation vésiculaire, on trouve seulement une mince bande de cellules fortement colorées en rose, se confondant du côté central avec une bande aussi mince, très colorée en jaune-rose.

En suivant cette bande, il est de toute évidence que sa coloration est due à une sécrétion colloïde diffuse.

Il semble qu'en ces points la rupture serait très facile.

Dans la capsule, il existe des points où les cellules sont réunies en amas indistincts sans aucune membrane limitante. Ces cellules ont les mêmes caractères que les cellules fondamentales que nous avons vues et sécrètent comme elles une substance qui prend le jaune-rosé et est diffuse dans la masse. Leur parenté avec les cellules précédentes ne saurait faire l'ombre d'un doute. Ce serait comme la première ébauche des tumeurs secondaires qui se développent autour de la première.

b) Tissu conjonctif. — La capsule est formée d'une couche de tissu cellulaire, lâche ; mais dans l'intérieur même de la tumeur on ne trouve pas de tissu conjonctif.

Dans les points où les cellules sont les plus dégénérées, où la substance amorphe intercellulaire est la plus abondante, on aperçoit quelques noyaux très allongés, et on soupçonne quelque fibrillation, sans aucune importance.

v) Cependant les *vaisseaux* sont très abondants. Dans la capsule il existe des artères volumineuses. Dans l'intérieur même de la tumeur les vaisseaux sont nombreux. Ils existent jusque dans la couche superficielle des cellules actives. On trouve là des artères volumineuses à paroi épaisse. Quelquefois elles arrivent jusqu'à la périphérie et ne sont entourées de cellules que sur trois de leurs faces. Les cellules ne semblent pas être influencées par les vaisseaux dans leur évolution.

Dans la partie centrale il n'y a pas de gros vaisseaux, mais beaucoup de fins capillaires aucunement modifiés.

B. — ÉTAT ADULTE. — Quand on examine les parois constituées du kyste, l'aspect est totalement différent. A un faible grossissement la coupe se présente sous l'aspect d'un fond uniformément coloré, finement piqueté d'une série de points. Par places, ces points sont agglomérés; on trouve des vaisseaux volumineux. A la périphérie la capsule est peu nette. Du côté de la cavité du kyste la paroi est tomenteuse et présente une série de dégénérescences qui aboutissent à la chute des cellules dans la cavité.

1° Les *cellules* forment les points colorés. Elles sont dissociées dans le tissu fibreux dont elles sont faciles à distinguer par leur forme arrondie. Elles sont parfois réunies en amas de dimensions variables. Les limites de ces amas sont peu nettes; les cellules qui les constituent se continuent avec les cellules dissociées dans le stroma. Dans ces amas il existe très souvent des formations vésiculaires (fig. 5). Les cellules qui bordent ces vésicules sont cubiques, légèrement aplaties. Le noyau en occupe toute la hauteur. Elles semblent douées d'une faible activité.

La cavité renferme une substance amorphe qui touche presque directement la bordure cellulaire; il importe de remarquer qu'on ne trouve jamais de vésicules isolées, c'est-à-dire non entourées de cellules fondamentales. En d'autres endroits les vésicules sont atrophiées, comme comprimées par le tissu conjonctif dense; les cellules sont plus petites, la lumière centrale très réduite est vide. A ce stade, les vésicules rappellent beaucoup une artère dont elles sont cependant faciles à différencier.

2° Le *tissu conjonctif* forme des faisceaux parallèles ou obliques entre lesquels sont les cellules fondamentales. Il s'agit de tissu conjonctif tendant à subir par places une métamorphose caractérisée par la disparition de la constitution fibrillaire des faisceaux et la transformation en bandes homogènes. En certains points ces bandes s'accolent à leurs voisines et forment alors des masses dans lesquelles un examen attentif ne permet pas de reconnaître trace de structure.

Sur les parois du kyste, tous ces tissus subissent une dégénérescence qui aboutit à la formation de la cavité. En certains points il existe un foyer hématique dans lequel se trouvent des débris granuleux où on peut nettement reconnaître les globules. Mais cependant il existe souvent des débris de globules et toujours des amas de pigments. Ces anciens foyers hémorrhagiques sont entourés par des cellules petites, arrondies, fortement colorées, qui etndent à envahir le foyer. Celles de ces cellules qui sont les plus voisines de l'aire hémorrhagique sont elles-mêmes très chargées de pigments. En somme, il s'agit d'un foyer hémorrhagique entouré d'éléments embryonnaires.

3° Les *vaisseaux* sont peu abondants, leurs tuniques sont épaissies. J'ai examiné les ganglions qui étaient situés à la partie inférieure de la tumeur et descendaient jusque dans le médiastin ; ils ne présentent pas trace de néoplasie cancéreuse.

Le corps thyroïde était normal.

La recherche du glycogène dans la tumeur, d'après la méthode de Brault, a montré cette substance localisée dans les amas de cellules fondamentales.

OBSERVATION III (personnelle).

Épithélioma branchial du cou. — Opération. — Guérison.

J. M..., 55 ans ; entre à la maison de santé des Frères Saint-Jean-de-Dieu, pour être opéré du tumeur du cou, par M. J.-L. Faure.

Sa tumeur est apparue il y a huit mois, au-dessous de l'angle de la mâchoire droite : c'était alors un petit corps dur, arrondi, très mobile sous la peau et absolument indolent.

Peu à peu la tumeur augmente sans déterminer aucune gêne et le malade se décide à une intervention en raison seule du volume devenu considérable.

ÉTAT ACTUEL. — La tumeur fait dans la région sous-maxillaire une saillie très marquée : en haut elle remonte dans la région parotidienne, jusqu'à deux travers de doigt du lobule de l'oreille ; elle efface complètement la saillie du maxillaire. En avant, elle n'atteint pas la ligne médiane ; en bas elle dépasse le niveau de l'os hyoïde : elle est bosselée, irrégulière, dure, non fluctuante, non adhérente à la peau et peu mobile sur les plans sous-jacents ; la contraction du sterno-mastoïdien la refoule légèrement en avant, il n'y a aucun signe d'adhérence au pharynx. L'état général est excellent. L'appétit est intact.

OPÉRATION, le 10 juin 1898 (J,-L. FAURE). — Incision oblique commençant à un travers de doigt au-dessus de l'angle de la mâchoire et se terminant au niveau du cartilage cricoïde ; une seconde incision, placée au-dessous, décrit avec la première une ellipse de 5 centim. de hauteur. Le peaucier est sectionné ; il est plus épais que d'ordinaire.

La tumeur est entourée d'une capsule conjonctive qui rend sa dissection très facile. M. Faure dégage d'abord l'extrémité inférieure de la tumeur. Le plan profond est formé par l'os hyoïde et les muscles qui s'attachent à cet os et, en particulier, le digastrique dont le ventre postérieur est disséqué. Il n'y avait aucune adhérence ; la veine jugulaire apparaît gonflée à certains moments. La tumeur a été séparée d'elle sans aucune difficulté ; on est arrêté à la partie moyenne de cette face profonde.

M. Faure cherche alors à isoler le pôle supérieur de la tumeur, ce qui ne présente pas de difficulté. La parotide n'est pas aperçue, quoique la tumeur en haut occupât la région parotidienne ; il y avait à ce niveau comme une coque conjonctive qui isolait la glande ; l'angle de la mâchoire était rattaché à la tumeur par un tractus peu dense qui fut coupé très facilement au ciseau.

En continuant à décoller on arrive à la zone moyenne qui n'était pas encore séparée ; on trouve la glande sous-maxillaire au contact de la tumeur : elle en est séparée avec la plus grande facilité à l'aide de la sonde cannelée.

Les adhérences qui fixaient la tumeur à sa face profonde étaient formées par des vaisseaux très peu volumineux provenant de la faciale. La tumeur en totalité a été enlevée avec la plus grande facilité. L'opération a duré quarante-cinq minutes.

Les suites furent excellentes. Le malade quitta la maison de santé le dixième jour. M. Faure m'a dit qu'actuellement, le 1er janvier, il n'y a pas de récidive.

Examen de la tumeur. — La tumeur est irrégulièrement ovoïde. Son grand arc mesure 12 centim., son épaisseur 10 centim. ; elle est absolument mûriforme et présente des saillies arrondies, volumineuses sur lesquelles s'implantent d'autres plus petites ; ses bosselures sont en général blanches, un peu grisâtres ; quelques-unes ont une teinte noire très marquée. La tumeur est entourée d'une capsule qui l'enveloppe de toutes parts ; elle est facile à disséquer et n'adhère pas à la languette de peau qui la recouvre.

A la section elle présente de très grandes inégalités ; de consistance très dure en certains endroits, en d'autres elle forme des kystes remplis d'une masse granuleuse et molle, ou hémorrhagique.

Examen histologique. — La tumeur se présente nettement lobulée avec une capsule d'enveloppe qui envoie des prolongements dans l'intérieur et la cloisonne ainsi en loges ; la partie périphérique est formée par une agglomération de cellules que j'appellerai encore : cellules fondamentales.

Cellules fondamentales. — Elles forment sous la capsule une bande très colorée qui se reconnaît facilement, même avec un très faible grossissement ; cette bande a en moyenne une épaisseur d'un demi-millim. Elle s'insinue avec les cloisons du côté de la masse centrale et perd peu à peu sa netteté ; elle est très nettement délimitée du côté de la capsule par une ligne régulièrement arrondie. Du côté central, ses contours sont très irréguliers ; le plus souvent elle se confond insensiblement avec les tissus profonds.

Disposition des cellules. — Examinées à un fort grossissement, les cellules affectent des dispositions variables : tantôt elles forment une masse dense où on ne remarque rien ; tantôt elles se disposent sous forme de boyaux anastomosés les uns avec les autres. Ces boyaux ne renferment que deux assises de cellules : ils s'anastomosent entre eux et possèdent quelquefois des contours très nets et très réguliers ; il existe une cavité centrale limitée par l'assise cellulaire.

Nulle part, on ne voit une coupe arrondie de ces boyaux qui indiquerait qu'ils ont été coupés perpendiculairement à leur direction, ce qui fait croire que ce ne sont pas des boyaux, mais des lames.

Du côté de la capsule, les cellules s'aplatissent et elles forment là 2 à 6 assises de cellules dont les noyaux allongés se disposent sur des lignes absolument parallèles.

Du côté central, les cellules tendent à perdre leur forme générale arrondie : elles s'éloignent les unes des autres et sont plongées dans une substance homogène vaguement fibrillaire, légèrement colorée en jaune par l'acide picrique sur la coupe, traitée par la méthode de Van Giesen (fuchsine-hématoxyline acide et acide picrique), et en rose pâle par l'éosine hématoxy-lique formant comme des amas myxomateux.

Au centre de ces amas se trouvent des foyers hémorrhagiques qui acquièrent par places une très grande importance.

En résumé, les parties que nous avons examinées peuvent être considérées comme essentiellement formées par des îlots ayant la structure suivante :

Au centre du tissu myxomateux qui paraît représenter la partie ancienne de la tumeur, tout autour, se trouve une zone formée par des cellules fondamen-tales ; ces deux portions sont reliées par une zone de transition ; au centre de l'îlot se trouvent d'énormes foyers hémorrhagiques.

OBSERVATION IV (personnelle).

Épithélioma branchial du cou inopérable. — Mort.

J. C..., jardinier, 48 ans, entre à l'hôpital Cochin, dans le service de M. Rieffel, le 26 septembre 1898, pour une tumeur ulcérée du cou.

Antécédents héréditaires. — Le malade n'a pas connu ses parents.

Antécédents personnels. — Pas de ganglions dans son enfance ; à l'âge de 21 ans a eu la variole ; pendant la convalescence a eu de nombreux abcès, surtout autour du cou ; on lui fit là trois incisions, probablement très petites (il n'en reste pas de traces) ; en 1890, surdité bilatérale survenue sans cause connue, sans maladie, ni accident, ni écoulement d'oreille ; le malade parle d'un chaud et froid sans importance ; depuis sept ans la surdité a été progressive et actuellement elle est assez marquée.

La maladie actuelle a débuté vers le mois de juin 1898 (il y a trois mois) par une petite tumeur siégeant au-dessous de l'angle de la mâchoire gauche : elle était au début absolument indolente ; c'est le hasard qui l'a fait découvrir ; elle était tout à fait indépendante de la peau qui glissait sur elle ; aucune dou-leur n'accompagnait cette tumeur. Peu à peu, elle grossit et atteignit le volume d'une grosse noix ; elle se ramollit et commença à devenir douloureuse ; le malade alla voir un médecin qui crut à un abcès, et incisa : il s'écoula, dit le malade, du sang épais et jaunâtre. Cette incision ne soulagea pas le malade ; l'orifice resta toujours ouvert depuis ce temps ; il s'écoula toujours du pus ; la tumeur grossit rapidement et devint de plus en plus douloureuse. En même temps le malade commençait à maigrir ; il n'a jamais éprouvé de difficulté de la déglutition ni de la respiration. Bientôt gêné par ces douleurs et inquiété par le volume que prend la tumeur, il se décide à venir consulter et entre, le 26 septembre, à l'hôpital Cochin.

Le malade se présente avec un état général qui semble bon, quoiqu'il ait maigri d'une façon assez notable : il présente, dans la région cervicale gauche une tumeur volumineuse siégeant dans la région sus-hyoïdienne et se confondant avec la saillie maxillaire : elle s'étend en avant jusqu'à la ligne médiane, en arrière jusqu'au sterno-mastoïdien, en haut elle se confond avec le maxillaire, en bas elle descend au-dessous de la saillie de l'os hyoïde, mais est séparée de la clavicule par un espace qui admet 8 travers de doigt; il existe à la surface un orifice bourgeonnant, fongueux, par où s'écoule une sérosité chargé de grumeaux et de sang quand on presse un peu fort; les tissus avcisinants sont rouges et violacés ; à la palpation, la tumeur est dure, irrégulière, ne présente pas de point manifestement fluctuant, la tumeur est fusionnée avec la peau, elle ne semble pas être fusionnée avec le maxillaire, tout en étant immobile sous les plans sous-jacents; par l'orifice fistuleux, on pénètre dans un trajet anfractueux, ramolli, saignant, profond de 3 centim.; nulle part on ne trouve de surface dénudée.

Il ne semble pas qu'il n'y ait de ganglions envahis secondairement.

Le malade n'accuse pas de troubles de la déglutition ni de la respiration.

M. Rieffel, après avoir examiné avec soin la cavité buccale, fait le diagnostic de l'épithélioma primitif des ganglions du cou, mais en raison de l'étendue de la tumeur et des adhérences, il ne croit pas à une intervention utile.

Bientôt il se forme au-dessous de l'orifice déjà existant deux autres ulcérations à bord adhérent; un morceau de la tumeur est prélevé par un interne du service, mon ami Leven, pour en faire l'examen histologique.

En voyant qu'on ne veut pas l'opérer, le malade quitte l'hôpital le 15 octobre.

J'ai su depuis qu'il était rentré chez lui, dans le département de l'Eure ; mais l'état général baissa rapidement. Il se fit admettre à l'hôpital d'Orléans. Les chirurgiens de cet hôpital n'ont pas conservé souvenir de ce malade. J'ai su par sa sœur qu'il était mort en février 1899.

Examen histologique. — Le morceau prélevé pour l'examen histologique a été extirpé sur le vivant dans une masse de bourgeons exubérants qui existaient au niveau d'une ulcération, aussi les coupes n'indiquent aucune topographie générale de la tumeur.

A un faible grossissement on voit que la tumeur a un aspect presque homogène ; on peut cependant y distinguer :

a) Des cellules fondamentales ;

b) Du tissu myxomateux ;

c) Du tissu conjonctif ;

d) Des éléments arrondis semblables à des cellules embryonnaires ;

e) Des vaisseaux.

a) Cellules fondamentales. — Les cellules fondamentales forment la masse de la tumeur.

Elles se présentent sous des formes variées.

Dans les points où elles semblent avoir subi le minimum de modification, ce sont des éléments volumineux de 12 à 14 μ.

Le corps protoplasmique est peu abondant, tantôt ovalaire, tantôt en raquette et très souvent étoilé. J'insiste sur cette forme étoilée, elle me servira plus tard pour comprendre l'origine du tissu myxomateux.

Le noyau est volumineux, arrondi, souvent étranglé au centre ; il possède ordinairement un gros nucléole, quelquefois remplacé par plusieurs grains chromatiques.

Les cellules, en certains points, sont serrées les unes contre les autres presque en contact immédiat. Sur d'autres, elles sont séparées par du tissu myxomateux. Sur un point, les cellules sont réunies par un bloc de substance fondamentale colorée en rose par le picro-carmin. Le corps cellulaire a pris une apparence arrondie et rappellerait l'apparence des formations cartilagineuses décrites dans les tumeurs mixtes des glandes salivaires.

Au niveau de la partie la plus externe, à la surface superficielle de la tumeur, on remarque une quantité considérable de formations rappelant les globes épidermiques. Cette disposition explique comment, dans la matière ramollie, accumulée au centre des épithéliomas branchiaux, on a observé de ces globes ; comment on peut faire le diagnostic pour l'examen de ce pseudo-pus. A la vérité, ce ne sont pas des globes épidermiques absolument typiques. En effet, les éléments dont la dégénérescence semble le moins avancée sont les éléments centraux. Ce sont, au contraire, les éléments périphériques qui ont pris l'apparence cornée et la disposition stratifiée sans qu'on puisse trouver trace de noyaux : il semble qu'il s'agisse de vrais globes épidermiques inversés.

b) Tissu myxomateux. — Le tissu myxomateux ne forme pas d'îlots isolés : c'est une vraie infiltration entre les éléments cellulaires qu'il semble envahir et séparer comme nous l'avons vu plusieurs fois. On peut aisément assister à la transformation des cellules fondamentales en cellules myxomateuses. Celles-ci deviennent étoilées, se dissocient et semblent prendre part à la constitution du tissu myxomateux.

c) Tissu conjonctif. — Le tissu conjonctif adulte est très peu abondant ; il a subi sur la plus grande partie de son étendue la dégénérescence myxomateuse.

d) Éléments arrondis semblables à des cellules embryonnaires. — Indépendamment des cellules fondamentales, il existe encore une infiltration de petits éléments arrondis, presque exclusivement formés par un noyau, entouré d'une mince couche de protoplasma ; elles ont toutes les apparences de cellules embryonnaires. Elles existent surtout à la périphérie de la coupe, là où il y a de nombreux globes épidermiques. Ils remplissent les masses du tissu myxomateux et en certains points lui donnent une vraie apparence lymphoïde.

e) Vaisseaux. — Les vaisseaux sont peu abondants dans les coupes. Il existe des suffusions sanguines à la périphérie.

Observation V (personnelle).

Épithélioma branchial du cou. — Opération.

Adolphe B..., âgé de 22 ans, teinturier, entre le 9 août 1898, pour une tumeur du cou, à l'Hôtel-Dieu (service de M. Duplay, suppléé par M. Pierre Delbet), salle Petit-Saint-Landry, lit n° 27 *bis*.

Dans ses *antécédents héréditaires* on note que son père est mort à 62 ans d'hémorrhagie cérébrale. Sa mère est encore bien portante ; il a 3 frères et 2 sœurs en bonne santé.

Les *antécédents personnels* sont nuls. Aucune affection cervicale, aucune maladie grave.

La tumeur a débuté à l'âge de 14 ans ; à la naissance, on n'avait observé rien d'anormal dans cette région. Un matin, au-dessous de l'angle de la mâchoire droite le malade constata la présence d'une petite tumeur grosse comme une noisette ; en six jours elle atteignit le volume d'une noix, devint bilobée et resta stationnaire pendant sept ans et demi. C'est seulement depuis deux mois que la tumeur s'est remise à augmenter et a acquis le volume actuel ; en même temps les douleurs sont apparues, peu vives d'abord, puis plus intenses. C'était d'abord une sensation de fourmillement au niveau de la tumeur, puis il se produisit des douleurs irradiées dans la région temporale correspondante, mais c'est beaucoup plus inquiet par le volume de la tumeur que fatigué par ses douleurs que le malade vient consulter le chirurgien.

État actuel. — A l'inspection, on remarque une tumeur allongée dépassant en haut l'angle de la mâchoire et s'étendant en bas jusqu'au-dessous de la saillie de la pomme d'Adam, à 3 trois travers de doigt de la saillie du maxillaire. En arrière, elle est recouverte par le sterno-cléido-mastoïdien qui se reconnaît très facilement quand on fait contracter ce muscle. En avant, elle est séparée de la saillie du larynx par un sillon très net ; elle est irrégulière et grossièrement bilobée ; le lobe supérieur, plus petit, remonte jusque du côté de la région parotidienne ; le lobe inférieur, qui forme la masse principale de la tumeur, occupe la région sus-hyoïdienne latérale ; la peau est mobile, mais la tumeur est peu mobile sur les places sous-jacentes. Le lobe supérieur adhère au bord postérieur de la branche ascendante du maxillaire.

Lorsque le malade ouvre fortement la bouche, la tumeur fait beaucoup plus saillie ; il est impossible de percevoir de la crépitation en cherchant à mobiliser la tumeur sur l'os.

Elle a une consistance extrêmement dure, osseuse, même au niveau du lobe supérieur.

La tumeur est peu sensible, à peine douloureuse à la palpation.

Il n'existe au niveau du maxillaire aucun point douloureux ; les dents du bord alvéolaire correspondant sont gâtées et quelques-unes manquent.

Pas d'engorgement ganglionnaire dans les régions avoisinantes.

Les symptômes fonctionnels sont peu marqués ; le malade ressent dès picotements au niveau de la tumeur et des élancements dans la tempe ; ses douleurs sont plus vives la nuit que le jour.

Du sel placé sur le plancher buccal fait sourdre la salive en égale quantité par les deux canaux de Wharton ; l'état général est excellent.

Le diagnostic clinique fut : chondrome branchial. M. Delbet consacra une leçon à l'étude de ce malade.

OPÉRATION, le 10 août 1898. — La tumeur est située sous le peaucier. Elle est enveloppée d'une lame conjonctive qui lui forme une capsule : pas d'adhérence à l'os hyoïde ; au niveau de l'angle de la mâchoire, il existe une bande fibreuse à la face interne de l'angle, la tumeur se continue en haut jusqu'à la parotide ; elle est coiffée par la glande, mais il n'existe aucune adhérence entre la glande et la tumeur.

Suture sans drainage.

Les suites furent des plus simples. La malade quitta l'hôpital le douzième jour.

Malgré toutes mes recherches, je n'ai pu le retrouver ; il est inconnu à l'adresse qu'il avait donnée à l'hôpital.

Caractères macroscopiques de la tumeur. — La surface est irrégulière, ovoïde ; son pôle supérieur est coiffé d'un bourgeon arrondi pédiculé ; le volume de la tumeur est celui du poing ; elle est de couleur blanchâtre et est entourée d'une capsule qui rend sa surface très nette.

A la coupe, la tumeur est très dure et présente par places des noyaux de consistance cartilagineuse.

Examen histologique. — La masse principale est constituée par une substance fondamentale parsemée de cellules étoilées (tissu myxomateux) par places ; dans cette masse on aperçoit des cellules cartilagineuses ; à la périphérie, sous la capsule, se trouve une bande de cellules fondamentales (1).

La capsule est très nette autour de la tumeur. En certains points se détachent des travées qui s'enfoncent dans l'intérieur et divisent incomplètement la masse en une série de cellules plus ou moins distinctes.

Suivant notre plan, nous verrons :

    a) Les cellules fondamentales ;

    b) Le myxome ;

    c) Le tissu cartilagineux ;

    d) Le tissu conjonctif ;

    e) Les vaisseaux.

a) Cellules fondamentales. — Les cellules fondamentales forment au-dessous de la capsule une bande très colorée. En certains endroits elles sont peu abondantes ; elles ne forment que 2 ou 3 couches. En d'autres, elles sont plus nombreuses et se disposent alors en amas vésiculaires.

____

(1) Cette tumeur avait été confiée par M. Delbet à M. Lyon. Je le remercie très vivement d'avoir bien voulu me communiquer ses coupes.

Les limites de ces bandes du côté de la périphérie sont très nettes ; du côté central elle sont indécises, à ce niveau les cellules fondamentales se perdent dans le tissu myxomateux (fig. 6).

En certains points on trouve des amas de follicules hors de la capsule entourée de tissu conjonctif lâche.

Toujours ces vésicules sont au milieu d'un amas de cellules ; elles ne sont pas limitées du côté externe.

Par places, les cellules forment dans la masse centrale des amas très compacts où il est très difficile de distinguer les noyaux.

Les cellules ont 10 à 15 μ de diamètre et leur protoplasma présente un grand nombre de granulations.

Elles sont arrondies, ovalaires, quelques-unes ont une forme très irrégulière.

b) Tissu myxomateux. — Le tissu myxomateux se présente sous la forme de larges îlots plus ou moins isolés par des travées conjonctives. En certains points, il offre un aspect assez typique avec des cellules nettement étoilées et une substance interstitielle vaguement fibrillaire.

Il forme une couche très épaisse au-dessous de la capsule et des cellules fondamentales.

c) Tissu cartilagineux. — A l'intérieur des îlots myxomateux on trouve des amas cartilagineux ; on les reconnaît aisément à un faible grossissement à la coloration rose par le carmin boraté. Cette substance fondamentale est par places légèrement fibrillaire. En d'autres termes, sans qu'il s'agisse de tissu fibro-cartilagineux, la substance fondamentale est nettement différente de celle du cartilage hyalin ordinaire. C'est un aspect constant.

A un plus fort grossissement on trouve les capsules caractéristiques. Les îlots sont en contact immédiat avec le tissu myxomateux. Il semble que ce dernier ronge peu à peu et morcelle le bloc cartilagineux. Au niveau des points de contact, il existe une zone de transition ; la substance fondamentale du cartilage se décolore peu à peu et prend les caractères de la substance fondamentale du myxome.

De même les éléments cellulaires perdent leur forme arrondie et tendent à devenir étoilés. Il ne nous semble donc pas douteux qu'il y ait transformation de l'un à l'autre sans que nous puissions être fixés sur le sens de cette transformation.

d) Tissu conjonctif. — Le tissu conjonctif forme une capsule d'épaisseur variable suivant les points. De sa face profonde se détachent les travées qui lobulent la tumeur. Il présente tous les caractères du tissu adulte. Au niveau des travées de la capsule, on constate nettement la transformation de ce tissu conjonctif en tissu myxomateux.

e) Vaisseaux. — Les vaisseaux n'existent que dans la capsule ou les travées. Ils sont, par places, entourés de cellules embryonnaires.

OBSERVATION VI (personnelle).

Épithélioma branchial du cou. — Opération.

Claude L..., 70 ans, coupeur d'habits, entre le 29 juin 1899, à l'Hôtel-Dieu, service de M. Dupley, suppléé par M. Pierre Delbet. Il y a cinq mois, il reconnut par hasard la présence d'une tumeur siégeant au-dessous et en dedans de l'angle de la mâchoire, à peu près au niveau de la partie inférieure de la tumeur actuelle ; elle avait le volume d'une noix, était très mobile sous la peau et sur les parties profondes ; elle ne détermina aucune douleur pendant les premiers mois ; puis, comme le malade la palpait pour reconnaître son volume, elle devint le siège d'un picotement insignifiant ; par un développement lent mais progressif, la tumeur acquit le volume actuel.

ÉTAT ACTUEL. — Le malade est un petit vieillard encore vigoureux, mais maigre ; il dit ne pas avoir maigri ces derniers temps. Là tumeur fait une saillie appréciable à la vue dans la région hyoïdienne. Elle soulève le sterno-cléido-mastoïdien. Quand on fait contracter ce muscle, la tumeur est déplacée légèrement en dedans, mais elle ne semble pas lui adhérer ; la peau qui la recouvre n'est pas modifiée et se laisse mobiliser avec la plus grande facilité sur la tumeur.

La tumeur a le volume d'une mandarine et est séparée d'un bon travers de doigt du bord inférieur du maxillaire lorsque la tête est dans la rectitude. En bas elle descend jusqu'au niveau de la corne du cartilage thyroïde. En avant, elle s'arrête à un travers de doigt de la ligne médiane ; à la palpation, la tumeur est dure et bosselée, mais sa dureté est moins considérable que dans l'observation précédente. L'auscultation n'indique aucun bruit.

Quand on introduit le doigt dans le sillon latéral de la langue, on peut sentir la tumeur en déprimant les tissus et on peut la placer en bas avec la plus grande facilité.

Il n'y a aucun ganglion dans le voisinage.

OPÉRATION, 3 juillet 1899. — L'extirpation fut des plus faciles. Quand on fut arrivé à la capsule, la tumeur s'énucléa avec la plus grande facilité. Quand elle fut extirpée, on aperçut en dedans la grande corne de l'os hyoïde, mais elle n'avait avec la tumeur aucune adhérence. La glande sous-maxillaire ne fut pas visible. Suture sans drainage.

Les suites furent des plus simples. Le malade quitte l'hôpital onze jours après l'opération. On ne le revit plus. Je n'ai pu me procurer de ses nouvelles.

Examen de la tumeur. — La tumeur est irrégulièrement sphérique ; elle présente dans toute son étendue de légères lobulations ; une capsule l'entoure complètement ; on y trouve des veines volumineuses.

A la coupe, elle présente un aspect blanc homogène, sans traces de lobulations ; le tissu en est dur et crie sous le scalpel.

Examen histologique. — Examinée à un faible grossissement, la tumeur ne présente pas trace de lobulation. Elle est entourée d'une capsule assez épaisse qui renferme des vaisseaux assez volumineux. On peut déjà se rendre compte que la masse de la tumeur est formée de plusieurs parties très colorées, formées par l'accumulation de cellules fondamentales. Des parties presque incolores présentent le caractère du tissu myomateux; enfin, s'observent des éléments plus ou moins dégénérés.

La capsule est formée de tissu conjonctif lâche qui renferme une grande quantité de graisse. Les vaisseaux, artères et veines sont volumineux. Autour de certains vaisseaux se trouvent des amas de petites cellules arrondies entre lesquelles existe un réticulum délicat, ce qui donne à ces endroits l'aspect d'un tissu lymphoïde.

A un fort grossissement on se rend compte de la disposition des éléments constituants de la tumeur.

a) *Cellules fondamentales.* — Dans la plus grande partie de la coupe, les éléments cellulaires sont disposés sans ordre apparent et ne semblent pas présenter de systématisation. Ces cellules sont plus abondantes au niveau du tissu conjonctif, mais on en observe aussi dans le tissu myxomateux. Elles se disposent quelquefois en boyaux, d'autres fois en amas arrondis et souvent en forme de vésicules bordées par deux ou trois assises de cellules qui entourent une masse centrale (fig. 7).

Là où les cellules sont diffuses ou disposées en boyaux, elles sont peu volumineuses; le protoplasma y est très peu abondant, le noyau volumineux, irrégulier, tantôt triangulaire, tantôt ovalaire ou légèrement allongé; il possède plusieurs nucléoles. Notre coloration ne nous a pas permis de constater des figures karyokinétiques.

L'aspect des cellules au niveau des vésicules est plus caractéristique; la paroi est formée par 2 ou 3 couches de cellules. Je n'ai pas trouvé de vésicules où la paroi ne présente qu'une assise. Il n'y a pas de membrane hyaline ou conjonctive entourant ces vésicules. Rarement, ces vésicules sont isolées dans le tissu conjonctif; presque toujours elles sont au milieu d'un groupe cellulaire disposé en boyau. Les vésicules ont des dimensions variables, quelquefois elles sont très petites, formées par la réunion d'une dizaine de cellules. Au centre de la tumeur, elles ont souvent un volume très considérable. Elles sont alors allongées. D'autres fois, les vésicules sont confluentes ; elles s'ouvrent l'une dans l'autre, et donnent à la coupe l'aspect d'un tissu caverneux, dont les mailles renferment une substance colloïde.

Les cellules des vésicules se continuent avec les autres cellules sans démarcation : leur forme rappelle beaucoup la forme des cellules diffuses ou en boyaux; elles semblent seulement plus tassées. En quelques points rares où le type de vésicules semble atteindre une plus grande perfection, les axes des cellules tendent à devenir parallèles au rayon de la vésicule, du moins pour les cellules périphériques. Par contre, les cellules plus centrales tendent à se placer perpendiculairement à ce rayon.

Le contenu des vésicules est d'apparence homogène : il prend une coloration jaune ou picro-carmin, rose à l'éosine ; il a un aspect granuleux. En général, on ne reconnaît pas de débris de noyaux. Les apparences sont donc pour une sorte de sécrétion mérocrine, plutôt que pour une fonte totale de l'élément cellulaire. Cependant, il existe des vésicules dont le contenu semble totalement différent. Il renferme des débris nucléaires et même des noyaux entiers, ce qui permet de supposer la fonte cellulaire totale.

La disposition des cellules au-dessous de la capsule est des plus intéressantes, car elle se rapproche beaucoup de la disposition affectée dans les observations II et III.

Immédiatement au-dessous de la lame conjonctive les cellules se tassent : elles forment 2 à 10 amas, séparées par du tissu conjonctif; les plus superficielles se disposent comme une lame endothéliale ; en se rapprochant du centre, les lames deviennent plus épaisses, formées de plusieurs assises de cellules. Déjà, dans ces lames, les cellules commencent à s'ordonner par rapport à un centre et bientôt la disposition des vésicules est typique ; il semble même que les vésicules soient ici plus actives qu'au milieu de la tumeur, car toutes possèdent une boule colloïde très nette.

En se rapprochant du centre, les cellules deviennent plus diffuses et affectent la disposition ci-dessus décrite.

En certains points, autour des vaisseaux, il existe des éléments petits arrondis, très vivement colorés.

b) Tissu myxomateux. — Le tissu myxomateux est très abondant. Il représente au moins moitié de l'étendue de la coupe et se présente avec ses caractères habituels : une substance fondamentale qui, à un fort grossissement, est formée par une sorte de réticulum ; des éléments cellulaires qui ont la forme étoilée, caractéristique. Ils sont peu volumineux; leur protoplasma est clair et granuleux ; il existe sous deux aspects : tantôt il s'infiltre sous forme de boyaux étroits, irréguliers et mal limités ; tantôt il forme des îlots régulièrement arrondis. A la limite des îlots (fig. 7), il existe une zone plus dense de cellules fondamentales.

Ces cellules forment une couche assez régulière qui n'est pas limitée en dehors : elles se continuent là avec les cellules fondamentales, du stroma ; les cellules bordantes sont bien des cellules fondamentales : elles forment même dans la paroi des figures vésiculaires. Du côté central la limite des cellules est indistincte. Elles forment là de fines traînées qui se perdent dans le tissu myxomateux ; les cellules deviennent étoilées et sembleraient former les cellules myxomateuses.

Par places ces îlots confinent aux masses conjonctives dégénérées que nous allons voir et là encore on apprécie très facilement la transition entre la substance fondamentale du tissu myxomateux incolore et le tissu dégénéré fortement coloré.

c) Stroma. — Le stroma se présente sous forme de fibres disposées en différents sens et remplissant tous les espaces compris entre les amas cellulaires. Par places ce tissu conjonctif se tasse, ses fibres deviennent parallèles ; il prend un aspect fibreux ; en certains endroits ce stroma subit une dégénérescence spéciale ; les noyaux perdent la faculté de se colorer, les fibres deviennent de moins en moins distinctes et le tout se fond en une masse homogène dans laquelle un fort grossissement et de petits diaphragmes permettent seuls de déceler une vague structure fibrillaire. Cette transformation, quand elle est complète, constitue des amas qui à la périphérie se continuent insensiblement avec le tissu voisin. Le centre est homogène ; mais dans d'autres endroits cette transformation est à peine ébauchée. Ces points ont les réactions suivantes : le picro-carmin les colore fortement en jaune orangé, l'éosine hématoxylique les colore en rouge violacé. Cette coloration les distingue très nettement même à un faible grossissement du tissu muqueux dont la substance fondamentale est toujours incolore.

OBSERVATION 7 (LANGENBECK, 1861) (1). — Homme, 58 ans. Début, il y a deux ans, du côté droit du cou. Tumeurs multiples, isolées et mobiles — plus tard confluentes et immobiles ; douleurs vives dans la région temporale ; cachexie ; atrophie de la langue du côté correspondant, se dévie à droite quand le malade la tend. Tumeur, du volume d'une tête d'enfant, étendue de l'angle du maxillaire à deux travers de doigt au-dessus de la clavicule ; touche le larynx sans le dévier ; arrondie, irrégulière, dure, adhérente, sensible à la pression. Développement des veines de la face et du cou. Douleur lancinante ; surtout la nuit. Insomnies.

Opération. — Incision oblique de la mâchoire à la clavicule, passe par le milieu de la tumeur ; ablation d'une ellipse cutanée de 5 centim. de large, section du sterno-cléido-mastoïdien ; on arrive à la face profonde de la tumeur adhérente à la gaine des vaisseaux. La carotide est facilement disséquée ; la veine est liée et coupée 2 centim. au-dessous de la tumeur, dissection de bas en haut ; la tumeur repose sur le pneumogastrique et le phrénique sans leur adhérer. La carotide primitive est entamée et adhérente ; double ligature. Ligature et section de la thyroïdienne inférieure, de la linguale, de la carotide externe, de la carotide interne. L'extrémité supérieure de la tumeur atteignait presque la base du crâne. Alerte d'asphyxie ; le malade se réveille.

Mort, douze jours après, d'infection.

Examen de la tumeur. — A la section, bouillie épithéliale blanc jaunâtre ; la veine a complètement disparu dans la tumeur ; l'artère est perméable.

OBSERVATION 8 (LANGENBECK, 1861). — Homme, 65 ans. Petite ulcération à l'amygdale gauche, qui guérit sans traitement. Un an après, violentes douleurs à la nuque, qui guérit spontanément. Un an après, il y a cinq mois, tuméfaction légère du côté gauche du cou. Douleurs intermittentes.

____

(1) Les observations suivantes, sauf celles de Volkmann, sont très résumées.

Tumeur, du volume du poing, située dans le triangle supérieur du cou; bridée par le sterno, adhérente; pas de troubles de la déglutition et de la phonation. État général très bon. Le sterno-mastoïdien semble traverser la tumeur. La carotide est comprimée.

Opération. — Lambeau cutané à base supérieure. En isolant la tumeur en bas on ouvre une cavité d'où s'écoule une bouillie; section du sterno; fusion avec la jugulaire interne qui est réséquée. La carotide est réséquée; adhérences à l'aponévrose prévertébrale. Le pneumogastrique est aplati. L'hémorrhagie a été considérable. Mort quarante-huit heures après l'opé ration, de collapsus.

La tumeur est un carcinome épithélial.

OBSERVATION 9 (RENÉ BLACHE, 1865). — Femme, 52 ans. Tumeur à la partie supérieure de la région cervicale, à gauche de la ligne médiane; du volume d'une châtaigne; présente, à sa partie centrale, des petites nodosités. Début, il y a douze ans, sous forme d'un très petit pois indolent.

Ablation avec la peau qui la recouvre.

Examen histologique. — Grand cylindre plein, anastomosé et terminé en cul-de-sac rempli de cellules pavimenteuses polyédriques, globes épidermiques; pas de parois propres; tissu conjonctif très mince et très vasculaire; les follicules pileux sont longs, et les glandes sébacées très développées. « Nous avons recherché avec soin si les glandes sébacées ou sudoripares pouvaient être regardées comme point de départ de cette tumeur; nous n'avons rien vu de concluant » (CORNIL).

OBSERVATION 10 (STOICESCO, 1873). — Homme, 59 ans. Mort dans le service de M. Labbé. Début, il y a huit mois, par raucité de la voie et difficulté de la déglutition; puis dyspnée et tumeur au-dessous de la mâchoire inférieure; bientôt aphonie complète et accès de suffocation qui fait mourir le malade.

L'*autopsie* montre une masse cancéreuse développée dans les ganglions du cou et enveloppant dans son épaisseur les nerfs et les vaisseaux de la région. Le mal avait envahi la partie supérieure du larynx et détruit les replis ary-épiglottiques; l'œsophage était sain; l'examen histologique indiqua un carcinome.

M. CHARCOT prend la parole pour montrer que ce fait doit être bien distingué du cas du cancer du larynx : ici l'affection ne l'avait atteint que secondairement.

OBSERVATION 11 (KALINDERO, 1865). — Homme, 48 ans. Début, il y trois mois par une petite glande siégeant en avant du sterno-mastoïdien droit, au milieu des carotides, roulant sous le doigt; prise pour une adénite; augmente de volume, s'enflamme. Une incision donne du sang, du pus, de la matière granuleuse. La tumeur, énorme, a 12 centim. dans le sens horizontal,

11 dans le sens vertical ; occupe la région mastoïdienne, carotidienne et sus-claviculaire, repousse la trachée sur le prolongement d'une ligne verticale partant de l'angle de la mâchoire ; aucune altération de la voix et de la respiration ; la tumeur s'étend du côté de la colonne vertébrale et fait saillie à la face postérieure du pharynx ; dure, adhérente ; la peau est rouge et ulcérée. Mauvais état général. Le microscope fait voir des corps fusiformes, à la surface des portions enlevées. Mort par ulcération de la carotide.

Autopsie. — La tumeur a infiltré le tissu cellulaire du cou. Ulcérations du pharynx. La jugulaire interne est complètement divisée, la carotide perforée au-dessus de la naissance de la thyroïdienne.

Examen histologique, par M. Cornil. — Le liquide contient des noyaux ovoïdes assez volumineux et des cellules pavimenteuses assez grandes. Beaucoup sont cornées et aplaties comme celles de l'épiderme. Grand nombre de globes épidermiques à couches concentriques. Les ganglions des parties postérieure et inférieure de la trachée ont le volume d'une aveline, mais ne sont pas dégénérés. Cornil conclut que cette tumeur est formée par les parties molles infiltrées, qu'elle est contituée par des éléments épithéliaux faisant penser à un épithélioma qui se serait ultérieurement ramolli, qu'il est impossible de déterminer l'origine de la tumeur.

Observation 12 (Hayem, 1865). — Homme, 55 ans ; alcoolique, hémiplégique avec attaques convulsives ; crise d'asphyxie nécessite une trachéotomie. Mort sans avoir présenté de tumeur appréciable.

Autopsie. — Sur la partie latérale de la trachée, à un centim. au-dessous du lobe gauche du corps thyroïde, tumeur dure, mamelonnée, de la grosseur d'un œuf, haute de 4 centim. et demi, épaisse de 4 centim. ; a comprimé la trachée sans diminuer son volume ; pas d'œdème de la glotte ; rapport important avec le récurrent qui traverse la tumeur et ne peut être disséqué au milieu d'elle ; la tumeur a une enveloppe lisse, fibreuse.

Examen histologique. — Cellules disposées en cul-de-sac dans les couches superficielles ; cellules épithéliales polyédriques ; cancer épithélial développé primitivement dans un ganglion lymphatique ; deux autres ganglions envahis secondairement.

Observation 13 (Rendu, 1869). — Homme, 55 ans ; début, il y a trois mois, au-dessus de la clavicule droite ; la tumeur a le volume d'un gros œuf de poule ; phénomène de compression des vaisseaux ; gonflement du cou et de la face ; dilatation des veines superficielles ; tumeur plus petite, du côté droit du cou : l'œdème du cou, de la face et du bras augmente ; la voix devient rauque ; dysphagie, dyspnée. Mort subite.

Autopsie. — Pleurésie à droite ; la tumeur s'étendait dans le médiastin, comprimait le récurrent.

Examen histologique (CORNIL). — Cancroïde lobulé, à cellules pavimenteuses.

OBSERVATION 14 (BOURDON, 1872). — Homme, 45 ans ; début, il y a quatre mois, par tumeur sous l'angle de la mâchoire gauche ; elle a le volume du poing ; s'étend en haut vers la parotide, en dedans jusqu'au larynx, en bas jusqu'à la partie moyenne du cou, recouverte par le sterno-mastoïdien, indolente, immobile par la déglutition. Ponction : issue de 100 gr. de liquide rougeâtre analogue à celui de l'hématocèle ; ouverture à la pâte de Vienne ; le doigt, introduit dans la cavité, sent des parois dures et épaisses ; sept jours après, mort d'hémorrgagie.

Autopsie. — Les parois sont épaisses d'un demi-centimètre, noires ; la cavité répond, en haut et en dedans, à la glande sous-maxillaire saine ; en arrière, à la parotide isolable ; profondément la tumeur est formée par une série de grains, dont l'un adhère intimement à la jugulaire, un autre à la carotide primitive, mais peut en être séparé. Perforation de la carotide à 2 centim. de son origine ; la veine jugulaire est obstruée par un caillot au niveau de la tumeur et se confond avec elle ; elle a disparu.

Examen microscopique (LEGROS). — La tumeur est formée de culs-de-sac glandulaires volumineux ; pas trace de tissu lymphatique.

OBSERVATION 15 (BOURDON, 1872). — Homme, 39 ans ; début, il y a six ans, au niveau de la sous-maxillaire gauche ; petite tumeur comme un pois, dure, mobile. La tumeur a le volume du poing, n'atteint pas la ligne médiane, déborde l'angle de la mâchoire, s'étend jusqu'au milieu du cou, bridée par le sterno-mastoïdien ; non fluctuante, non adhérente à la peau ; pas de ganglions.

Extirpation (VERNEUIL). — On déchire deux petites veines près de l'embouchure de la jugulaire ; ligature de la veine ; la carotide est dénudée.

Examen histologique (RANVIER). — Carcinome primitif des ganglions offrant des alvéoles remplis de cellules cancéreuses ; aucune trace de tissu ganglionnaire.

Double récidive (HUMBERT, 1878).

Récidive, un an plus tard, en avant de la ligne de suture ; pas de symptômes fonctionnels.

Nouvelle opération (VERNEUIL).

Récidive, un mois après, sous le menton ; tumeur comme une petite bille, puis seconde tumeur analogue en arrière.

Nouvelle opération. — Ablation de deux ganglions : l'un a le volume d'une grosse noix, l'autre plus petit.

Examen histologique (CHAMBARD, MALASSEZ). — La structure du ganglion a complètement disparu ; travées conjonctives limitant des alvéoles remplis de cellules. Myxo-carcinome.

Observation 16 (NICAISE, 1878). — Homme, 58 ans. Début depuis quatre ans à la partie inférieure, de la région sterno-mastoïdienne. Petite tumeur mobile sous la peau ; adéno-phlegmon ; incision. Trois mois après, la tumeur persiste ; masse ganglionnaire avec bourgeon fongueux, exubérant. La tumeur est formée de gros mamelons ulcérés, séparés par des ganglions profonds ; la peau est décollée, amincie, ulcérée, Mort d'infection purulente (fig. 2).

Examen histologique (MALASSEZ). — Stroma fibreux, riche en éléments sarcomateux, avec amas de cellules de forme variée ; globes épidermiques ; pas de traces de tissu ganglionnaire.

Observation 17 (VERNEUIL, 1873 ; JOULIARD, 1888). — Homme, 44 ans. Début il y a sept mois ; tumeur sous l'angle de la mâchoire, adhérente, douloureuse.

Opération (VERNEUIL). — Extirpation de la tumeur et résection partielle du maxillaire qui est envahi. La glande sous-maxillaire est réséquée en partie ; suppuration abondante. Mort d'infection purulente, vingt et un jours après.

Autopsie. — Phlébite suppurée de la jugulaire.

Examen histologique. — La tumeur, formée de cellules épithéliales pavimenteuses, avait envahi les ganglions sous-maxillaires, la glande et la mâchoire.

Observations 18, 19, 20 (VOLKMANN, 1882) (1). — Hommes, de 40 à 50 ans. La tumeur siège une fois à droite, deux fois à gauche. Le volume variait d'une forte prune à une tête d'enfant. La consistance était dure, une fois molle. Dans ce cas, elle avait la consistance fongueuse que l'on retrouve si souvent dans la tumeur de l'angle de la mâchoire, de la parotide, des lèvres. Elle formait un sac qui comprimait le larynx et les gros vaisseaux, atteignait en haut la base du crâne et avait fini par occasionner des troubles de la respiration et des douleurs par étranglement. Mais, même à ce stade avancé, la peau était absolument indemne, et le doigt dans le pharynx montrait qu'il en était de même de la muqueuse pharyngée.

L'extirpation fut impossible. Volkmann fendit la tumeur, en évacua le contenu et extirpa la paroi antérieure. Au début les résultats furent excelents, la dyspnée diminua ; mais le malade finit par mourir d'une ulcération de la carotide.

Dans les deux autres cas, on put pratiquer l'extirpation. La tumeur était placée entre le larynx et l'os hyoïde d'une part, les gros vaisseaux d'autre part. Elle remontait en haut jusqu'à l'apophyse styloïde. Dans

(1) Je donne à peu près *in extenso* les observations de Volkmann en raison du retentissement qu'a eu le travail de cet auteur. On sera frappé de la brièveté de ces observations.

les deux cas l'opération fut difficile et hasardeuse : ~~cela provenait~~ de ce que la tumeur présentait autour d'elle ~~une enveloppe~~ scléreuse de tissu conjonctif extrêmement ~~dense, adhérente~~ aux gros vaisseaux ; la jugu~~laire interne fut intéressée~~, et une fois la carotide dut être liée. Dans les deux cas on dut enlever une partie du sterno-mastoïdien. Aucune connexion avec la glande sous-maxillaire et le pharynx.

Structure. — La surface de section ressemble au squirrhe et laisse voir l'aspect d'un fin réticulum. On pouvait voir à l'œil nu la structure alvéolaire de la tumeur et la dégénérescence graisseuse de ses éléments. Au microscope, dans les 3 cas, on constatait l'existence d'épithéliomas avec globes épidermiques, quoique dans certains cas il y eût de l'épithélioma tubulé. Le stroma était très dense et renfermait un grand nombre de cellules embryonnaires.

OBSERVATION 21 (TREIBERG, 1883). — Homme, 50 ans. Début, il y a deux mois, par tumeur sur la moitié gauche du cou et douleur extrêmement vive du membre supérieur. La tumeur siège au-dessus de la clavicule gauche, et emplit le creux sus-claviculaire ; limite peu nette, s'enfonce dans le médiastin, refoule le larynx, s'arrête à deux travers de doigt sous l'angle de la mâchoire ; les veines sont dilatées ; tumeur dure ; deux points fluctuants.

Opération. — Ablation difficile : il fallut se débarrasser des gros vaisseaux, carotide primitive, veine jugulaire interne, artère et veine sous-clavières. Ablation de la plus grande partie du sterno-mastoïdien et du trapèze. Ablation incomplète : la tumeur est confondue avec la veine ; le pneumo-gastrique est réséqué, le plexus brachial est disséqué.

Aucun trouble respiratoire. Récidive : trois semaines après, mort.

Examen histologique. — Cancer épithélial.

OBSERVATION 22 (BRUNS, 1885). — Homme, 57 ans. Début, il y a six mois, dans la région sous-maxillaire droite ; une ponction donne issue à du pus avec des masses granuleuses. La tumeur s'étend depuis le bord du maxillaire jusqu'à l'os hyoïde ; dépasse la ligne médiane et atteint le bord postérieur du sterno-cléido-mastoïdien ; peau mobile et intacte ; fistule à la partie supérieure ; pas de symptôme fonctionnel ; légère douleur dans la tumeur.

Opération. — Tentative d'extirpation ; un doigt introduit dans la cavité montre une paroi extraordinairement dure avec des bourgeons sur la face postérieure : on sentait l'os hyoïde dans la cavité ; en raison de l'extension et des adhérences, l'extirpation est impossible.

Examen histologique (ZIEGLER). — Épithélium pavimenteux formé de plusieurs couches ; infiltration dans le stroma comme dans le cancer de la peau ; épithélioma pavimenteux typique ; nombreux globes épidermiques ; le stroma est riche en vaisseaux et complètement envahi par les cellules épithéliales.

Observation 23 (Carl Renault, 1887). — Homme, 48 ans. Début il y a trois mois. Tumeur allongée au niveau de la bifurcation de la carotide droite ; douleur peu violente, d'abord dure ; devient fluctuante ; incision, écoulement de sang ; difficulté de la déglutition ; cachexie. Tumeur du volume du poing ; peau adhérente par places ; orifice fistuleux par où s'écoule un liquide purulent, renfermant de grosses cellules épithéliales ; pas de ganglions.

Opération exploratrice. — Tamponnement.

Examen histologique. — Structure alvéolaire avec un grand nombre de boules épidermiques.

Observation 24 (Quarry-Silcock, 1898). — Homme, 52 ans. Début il y a trois mois.

Petite tumeur douloureuse ; cachexie rapide ; incision.

Tumeur inopérable ; mort.

La tumeur occupait la région carotidienne ; elle était formée d'une large cavité kystique tapissée de granulations papillaires qui se composaient de cellules épithéliales à type écailleux ; elles formaient des nids et des longues colonnes qui s'infiltraient dans la masse de la tumeur. Les ganglions lymphatiques avoisinants étaient simplement enflammés.

Observation 25 (Quarry-Silcock, 1887). — Homme, 56 ans. Tumeur partiellement kystique siégeant sur le côté droit du cou, développée en cinq mois, cachexie.

Incision. Il s'écoule une grande quantité de pus jaune liquide.

Le kyste est tapissé de granulations papillaires dont l'examen, après la mort, montra les mêmes caractères que dans le cas précédent.

Observation 26 (Quarry-Silcoch, 1887). — Homme, 64 ans. Tumeur volumineuse située sous le sterno-cléido-mastoïdien, étendue de la mâchoire à la clavicule. En avant atteignait la ligne médiane, en arrière l'apophyse mastoïde.

Ponction : liquide épais, jaune, en grumeaux contenant de nombreuses et grandes cellules épithéliales.

Observation 27 (Henri Richard, 1888). — Homme, 62 ans. Début il y a cinq mois. Tumeur du volume d'un pois, mobile, située en arrière de l'angle de la mâchoire. Accroissement très rapide avec douleurs et accès névralgiques dans la région occipitale. Pas de cachexie. La tumeur a le volume de deux poings adultes ; indépendante de la peau. En avant elle est fluctuante ; en arrière elle est dure. En haut elle déborde le maxillaire inférieur et s'étend depuis l'angle de la bouche jusqu'au lobule de l'oreille. Pas d'adhérences au maxillaire ; en arrière elle s'étend jusqu'à la nuque ; en bas jusqu'à la clavicule ; en avant jusqu'à la ligne médiane. Elle est immobile et n'est pas limitée en profondeur. Une ponction donne issue à un liquide trouble, jaune clair, fétide, où on trouve des cellules épithéliales polymorphes.

Opération. — La peau est difficile à séparer. La cavité est ouverte. Il s'écoule une centaine de grammes d'un liquide brun rougeâtre. On trouve une cavité arrondie de la grosseur d'une petite pomme avec des parois relativement lisses. Au milieu, une bande de tissu de faible consistance qui sépare la cavité en deux moitiés. Sur la paroi postérieure on perçoit les battements de la carotide. L'os hyoïde est très adhérent. On ne cherche pas à tout enlever.

Résultat immédiat excellent.

Examen. — Une coupe de la paroi montre, de dehors en dedans : une couche fibreuse très vasculaire avec de nombreuses petites cellules bien étalées, accolées ordinairement aux vaisseaux veineux ; puis une couche épithéliale dont la structure a les propriétés d'un cancer de la peau. Les cellules parfois sont grosses, aplaties dans leur totalité, rangées souvent en lignes concentriques ; nombreux globes épidermiques. Infiltration hémorrhagique diffuse ; infiltration des cellules épithéliales dans le tissu conjonctif ; fusion des éléments.

OBSERVATION 28 (HENRI RICHARD, 1888). — Homme, 43 ans. Début, il y a deux ans, par le gonflement d'une petite tumeur congénitale. Violentes douleurs. L'incision donna issue à une grande quantité de pus. Accroissement lent. Sur le côté droit du cou, tumeur dure, non mobile, inégale. Elle commence directement au-dessous de l'oreille, s'étend le long du maxillaire et va jusqu'au delà de la ligne médiane du cou. Deux orifices fistuleux. Pus abondant. La tumeur est indépendante de la mastoïde et du maxillaire inférieur. On diagnostique un kyste branchial transformé en cancer.

Opération. — Dissection de la peau. Résection du sterno-mastoïdien envahi. On ouvre la lumière de la veine jugulaire interne, adhérente ; extirpation complète. Mort quelques mois après.

Examen histologique. — Cancer avec stroma, très riche en cellules ; globes épidermiques. Traînées de cellules fusiformes.

OBSERVATION 29 (JADYNSKI, 1888). — Homme, 70 ans. Début il y a quatre mois. Petite tumeur non douloureuse sous l'angle du maxillaire, sous le bord antérieur du sterno-cléido-mastoïdien. Névralgie du côté droit de la tête très intense ; pas de gêne de la déglutition. Depuis quinze jours cette gêne est apparue. C'est pour elle qu'il vient consulter.

Rien du côté de la bouche et du pharynx. Légère cachexie. Teinte violacée du côté droit du cou. Tumeur, de la grosseur d'un petit poing, sousjacente au sterno-cléido-mastoïdien auquel elle adhère ; pas de modifications de la peau. Consistance très dure, cartilagineuse. Surface inégale couverte de varicosités. Par sa base elle est peu mobile, elle s'enfonce vers la colonne cervicale. En touchant la tumeur on sent des battements; mais, à l'auscultation, on n'entend aucun bruit.

Les tentatives les plus patientes n'ont pu l'isoler de l'artère. Pas d'adhérences à l'os hyoïde, ~~au larynx, à la~~ trachée. Ceux-ci sont repoussés à gauche. Pas de ganglions lymphatiques. Aucune lésion ~~dans la bouche~~, dans le larynx ; les pupilles sont égales. Les douleurs sont tellement atroces que le malade accepte une opération, fût-elle fatale.

Opération. — Incisions parallèles au bord antérieur du sterno-cléido-mastoïdien, commençant à l'angle de la mâchoire; s'étendant jusqu'à l'articulation sterno-claviculaire. La veine jugulaire externe est écartée en dehors. On arrive à la tumeur qu'on peut séparer du sterno-mastoïdien. Sans ligature d'aucun vaisseau on arrive à la base de la tumeur qui adhère aux gros vaisseaux du cou. On cherche à les mettre à nu ; on détache la partie inférieure de la tumeur pour la soulever vers le haut. On trouve un cordon membraneux épais, fusionné avec la tumeur, qu'on reconnaît être la veine jugulaire interne ; double ligature ; section.

La tumeur est enlevée plus facilement.

Mais vers le haut la tumeur adhère à l'artère ; résection de l'artère carotide interne et de l'artère carotide externe, au-dessous de la thyroïdienne, sur une longueur de 6 centim. Après l'extirpation il reste une cavité où l'on pouvait voir en arrière, sur une longueur de 6 centim., le nerf vague et la colonne vertébrale ; en dedans, la paroi latérale du pharynx, le larynx, l'os hyoïde; en haut, le maxillaire inférieur, la glande sous-maxillaire, le nerf grand hypoglosse, le lingual, la carotide externe, la carotide interne liées. Drainage. Écoulement abondant de sérosité, pas de suppuration. Quitte l'hôpital après trois semaines. Amélioration considérable ; plus de douleurs, pas de troubles cérébraux.

Examen de la tumeur. — A la section, la tumeur est formée de plusieurs foyers comme un cancer des ganglions lymphatiques ; ramollissement au centre.

Examen histologique. — Tissu conjonctif à la périphérie, pénètre dans l'intérieur, souvent abondant ; tissu muqueux prépondérant. Abondantes cellules rondes ; cellules disposées en figures concentriques, et entrelacées. Ces cellules ont un caractère épidermique, qu'on trouve le plus souvent dans les cancers de la peau. Globes épidermiques.

OBSERVATION 30 (REVERDIN et MAYOR, 1888). — Homme, 60 ans. Début il y a trois ans ; tumeur dure sur le bord du maxillaire inférieur gauche dans la région sous-maxillaire. Il y a trois mois, évolution rapide, douleurs irradiées dans la tempe gauche. Actuellement, tumeur dure à la périphérie, fluctuante au centre, immobile. Petits ganglions accolés à la partie postérieure. Incision exploratrice, liquide séro-sanguinolent rempli de petits flocons qui sont formés de petites cellules épidermiques plates et d'une innombrable quantité de gros globes épidermiques.

Opération. — Incision à convexité inférieure. La face superficielle est dégagée en liant de nombreux vaisseaux (faciale).

Le ventre antérieur du digastrique est envahi. Ablation du bord inférieur du maxillaire sur une hauteur de 2 centim. Pas d'adhérences au plancher de la bouche.

Récidive avant la cicatrisation complète; mort trois mois après.

Examen de la tumeur. — La tumeur forme un kyste à parois très épaisses dont la cavité est remplie d'une grande quantité de cellules cornées. La paroi est formée de tissu conjonctif revêtu ou non de cellules épithéliales avec globes épidermiques.

Entre les mamelons sont des traînées d'épithélium pavimenteux stratifié ; la glande sous-maxillaire était saine.

OBSERVATION 31 (EIGENBRODT, 1894). — Présente au *Congrès de chirurgie allemande* un homme de 64 ans, qui a été opéré il y a deux ans pour un carcinome de la partie gauche du cou qui s'était développé en cinq mois dans la profondeur entre le larynx, l'os hyoïde et les gros vaisseaux ; atteint le volume d'une orange. L'opération et l'examen histologique ont montré qu'il s'agissait d'un carcinome branchiogène au sens de Volkmann ; on réséqua le pneumogastrique, le vague, la veine jugulaire et l'artère : il n'y eut parésie d'une corde vocale et l'accélération du pouls qui persista plus de quatorze jours.

Deux ans après l'opération, pas de récidive ; cicatrice profonde à la partie gauche du larynx ; au niveau de l'angle postéro-supérieur, près du cartilage thyroïde, il y a un point dont la pression détermine de la toux.

OBSERVATION 32 (GUSSENBAUER, 1892). — Homme, 60 ans. Début il y a neuf mois, sur le bord antérieur du sterno-mastoïdien, à l'union du tiers supérieur avec le tiers moyen. Tumeur petite qui s'accroît rapidement depuis quatre semaines. Développement des veines sous-cutanées. Depuis quinze jours, tumeur plus dure et noueuse au-dessus de la tumeur primitive. Gêne de la respiration ; vives douleurs temporales. Tumeur, du volume d'un œuf de pigeon, indépendante de la peau, adhérente au sterno-mastoïdien ; mobile profondément. Prolongement supérieur vers la parotide. Léger goitre.

Opération. — Résection d'une portion du sterno-mastoïdien envahi. Extirpation de deux prolongements, qui s'étendaient l'un en haut et en arrière, l'autre vers l'os hyoïde, au-dessous du digastrique.

Petit ganglion, sous les fibres de l'omo-hyoïdien. La jugulaire interne est disséquée dans toute sa hauteur ; la carotide et le pneumogastrique étaient indépendants.

Récidive, peu de temps après; suffocation ; asphyxie. Trachéotomie.

Récidive dans la cicatrice. Infection pulmonaire. Mort deux mois et demi après l'opération.

Examen histologique. — Épithélioma pavimenteux ; traînées de grandes cellules cornées. Même aspect dans les ganglions lymphatiques.

OBSERVATION 33 (GUSSENBAUER, 1892). — Homme, 44 ans. Début, il y a cinq mois ; petite tumeur comme une noisette ; accroissement lent puis rapide. Dans le triangle supérieur droit du cou, à 2 centim. du bord inférieur du maxillaire ; tumeur, du volume d'un œuf de poule, proéminente ; peau normale et mobile ; adhérente au pancréas. Prolongements se dirigeant en bas et en avant vers le larynx.

Opération. — Ablation du sterno-mastoïdien envahi. Résection de la jugulaire interne. Ablation de la paroi postérieure de la gaine, de la carotide interne ; le vague est disséqué ; plusieurs alertes circulatoires ; ablation de plusieurs ganglions lymphatiques situés à la partie supérieure et inférieure.

Examen histologique (CHIARI). — Cancer à épithélium pavimenteux avec globe perlé du genre du cancer de l'épiderme.

OBSERVATION 34 (GUSSENBAUER, 1892). — Homme, 53 ans. Depuis vingt ans, douleur dans l'oreille et écoulement. Il y a trois mois, l'écoulement se tarit avec douleur ; à ce moment le malade remarque, sur la branche horizontale du maxillaire inférieur, une tumeur qui s'accrut vite. Puis les douleurs s'irradièrent à la nuque et empêchèrent le sommeil. La moitié gauche de la langue est moins développée que la droite, la langue ne peut se porter que difficilement de ce côté. Au milieu de la région latérale du cou, tumeur du volume d'une pomme ; suit nettement les mouvements de déglutition ; adhère presque au cartilage thyroïde. Composée de plusieurs éminences très dures arrondies, s'étend en avant jusqu'à la trachée, en haut jusqu'au triangle du cou, en arrière jusqu'au bord antérieur du trapèze ; en bas jusqu'aux insertions du sterno-mastoïdien qui lui adhère. Ganglions au-dessus et en arrière du néoplasme. La voix est voilée. Examen laryngoscopique, négatif. Gussenbauer pensa d'abord à un cancer des ganglions secondaire à un cancer de l'oreille, puis à un cancer d'une thyroïde aberrante, puis à un épithélioma branchial.

Opération. — Adhérences à l'aponévrose profonde du cou ; dissection. Section du sterno-hyoïdien et thyroïdien. La tumeur est séparée facilement de la trachée et du corps thyroïde qui est intact. Section du digastrique. Ligature des artères et veine thyroïdienne supérieure, de la linguale. Résection du grand hypoglosse. La jugulaire interne est englobée ; résection. Résection de la carotide primitive. Dissection du pneumo-gastrique dont les fibres sont dissociées. Ablation de ganglions au contact du plexus brachial. Mort par thrombose de la carotide interne gauche ; ramollissement de l'hémisphère cérébral gauche ; cancer secondaire du poumon droit.

Examen histologique (CHIARI). — Cancer glandulaire très dur avec nécrose assez étendue.

OBSERVATION 35 (GUSSENBAUER, 1892). — Homme, 47 ans. Début, il y a quatre mois. Accroissement lent, puis d'une rapidité extrême. Céphalalgie nocturne. Tumeur du volume d'une tête d'enfant étendue du lobule de l'oreille jusqu'à deux travers de doigt au-dessus de la clavicule ; s'avance en avant jusqu'au menton. Se laisse facilement isoler de la parotide et du maxillaire. Adhérences au sterno-mastoïdien. Immobilité relative.

Opération. — Ablation de la partie supérieure du sterno-mastoïdien ; adhérences à la peau. Résection de la jugulaire du pneumo-gastrique ; dissection de la carotide primitive ; ganglion dans la fosse sus-claviculaire. Ligature de la carotide externe. Ablation d'un prolongement qui s'étend sur la paroi postérieure du pharynx.

Examen histologique (CHIARI). — Carcinome avec stroma abondant, dur, rempli de cellules épithéliales polymorphes.

OBSERVATION 36 (GUSSENBAUER, 1892). — Homme, 55 ans. Début, six mois auparavant ; tumeur sous la peau, du côté gauche de la nuque ; violente douleur irradiée dans le bras droit. Cachexie. Tumeur étendue de l'apophyse mastoïde jusqu'à quatre travers de doigt au-dessus de la clavicule. La peau et le sterno-mastoïdien sont adhérents et remplis de petites nodosités variant de la grosseur d'un grain de chènevis à celle d'un pois. Ganglions sus-claviculaires engorgés et durs. Inopérable.

Pas d'examen histologique.

OBSERVATION 37 (GUSSENBAUER, 1892). — Homme, 65 ans. Début, il y a trois mois, dans le triangle supérieur droit du cou ; accroissement rapide depuis un mois ; douleurs irradiées vers l'oreille et la nuque ; exacerbation nocturne. Insomnie. Dysphagie. A la hauteur de la partie moyenne du sterno-mastoïdien, tumeur, du volume d'un œuf d'oie, très proéminente, séparée de la peau. Adhérences au muscle. Dilatation des veines sus-claviculaires. Ganglions dans le creux sus-claviculaire. La tumeur est dure, élastique au centre.

Opération. — Le sterno est réséqué en totalité ; la jugulaire interne est réséquée sur une longueur de 10 centim. La moitié des fibres du vague sont réséquées sur une hauteur de 2 centim. ; aucun trouble. Dissection de la carotide. Résultat immédiat excellent.

Diagnostic histologique. — Épithélioma pavimenteux, avec globes perlés ; nécroses multiples de la masse cancéreuse.

OBSERVATION 38 (GUSSENBAUER, 1892). — Homme, 48 ans. Début, il y a six mois, d'abord lent, puis rapide ; pas de douleurs. Dans la région sous-maxillaire gauche, tumeur du volume d'un œuf d'oie ; elle est bien isolée de la glande sous-maxillaire, mais elle s'en rapproche tout à fait ; n'atteint pas le bord antérieur du sterno-mastoïdien. Surface unie ; consistance dure, mobile.

Opération. — La tumeur adhérait à la glande sous-maxillaire et au muscle digastrique. La tumeur s'étendait jusqu'à l'aponévrose profonde du cou.

Examen histologique (CHIARI). — « Cancer à épithélium pavimenteux avec de nombreux globes perlés, accru dans les parties de la glande sous-maxillaire qui l'avoisinait. Je pense que c'est un carcinome branchiogène. »

OBSERVATION 39 (GUSSENBAUER, 1892). — Homme, 53 ans. Début, il y a quatre mois. Au-dessous de la branche horizontale du maxillaire inférieur droit, petite tumeur dure au toucher ; s'accrut lentement. Il y a quinze jours, fièvre et frissons ; la tumeur a beaucoup augmenté. La peau est intacte. Tumeur molle et pâteuse, fluctuante en bas, douloureuse à la pression. Indépendante de la parotide.

Opération. — On extrait tout d'abord un ganglion engorgé, puis la tumeur est disséquée, mais elle se crève ; il s'écoule un liquide trouble. A la suite de l'opération, le lobule de la l'oreille et la joue droite deviennent insensibles. Récidive un mois après ; mort rapide.

Diagnostic histologique (CHIARI). — Épithélioma pavimenteux et fibreux.

OBSERVATION 40 (BRINTET, 1898). — Homme, 53 ans. Début, il y a huit mois, par des douleurs. Il y a cinq mois, le malade a reconnu une tumeur profonde, mobile, peu douloureuse, située au voisinage de l'os hyoïde gauche. La tumeur est du volume d'un œuf de poule, allongée, adhérente, au plan profond, dure, non fluctuante, peu sensible.

Opération. — La tumeur a envahi la face profonde du muscle qui est réséqué. Ablation incomplète, car la masse englobait la jugulaire interne et la partie supérieure de la carotide. Récidive et mort cinq mois après.

Examen de la tumeur. — De rares cellules embryonnaires, disposées le long des vaisseaux ; des îlots de cellules épithéliales, disposés parfois en tubes irréguliers. Par places, aspect d'épithélioma pavimenteux lobulé.

OBSERVATION 41 (BRINTET, 1898). — Homme, 63 ans. Début il y a deux ans dans la région carotidienne droite, à deux travers de doigt au-dessous de la mâchoire, tumeur petite, mobile, non douloureuse. Accroissement irrégulier. Actuellement, la tumeur s'étend jusqu'à l'angle de la mâchoire, en bas, jusqu'à trois travers de doigt au-dessus de la clavicule ; en arrière, à trois travers de doigt de la ligne médiane cervicale postérieure. Tumeur arrondie, très saillante ; la peau est sillonnée de veinosités, non adhérente.

Opération. — Ablation incomplète, car un prolongement se dirige du côté de la ligne médiane.

Récidive et mort cinq mois après.

Examen de la tumeur (KIENER). — La trame conjonctive est formée de faisceaux fibreux, pauvres en cellules, et présentant une dégénérescence hyaline.

Les îlots d'épithélium sont formés de tubes irréguliers. Les plus larges sont pénétrés par des papilles conjonctives qui subissent une dégénérescence hyaline et donnent l'aspect caractéristique du cylindrome. « Il y a lieu de penser que la tumeur a son point de départ dans une portion aberrante de la parotide. »

OBSERVATION 42 (QUINTRIE, 1898). — Homme. Début, trois ans auparavant, par tumeur petite et dure sur le bord antérieur du sterno-mastoïdien. En deux ans, acquit le volume d'une noix. Brusquement elle prit une allure maligne et en quinze jours atteignit le volume d'une orange. Dure, indolore, ne suit pas les mouvements de la trachée. Aucun trouble de compression. Aucune lésion ulcéreuse de la langue, des joues et des lèvres. La dentition a toujours été mauvaise. Lannelongue suppose qu'il y avait eu une adénite simple, consécutive à des dents cariées et sur ce terrain serait venu se greffer un épithélioma pavimenteux stratifié,

Opération. — Ablation. Un morceau de la jugulaire interne a été réséqué entre deux ligatures.

OBSERVATION 43 (PEREZ, 1899). — Homme, 61 ans. Goitre léger depuis l'enfance. Début, dix mois auparavant, par une petite tumeur dure sous l'angle droit de la mâchoire inférieure. En six semaines, elle acquit le volume du poing et fut incisée par un médecin. La tumeur diminua beaucoup ; trois mois après, elle grossit de nouveau et provoqua des douleurs irradiées à l'épaule. Tumeur du volume d'un œuf d'oie, dure, mamelonnée, étendue de la région parotidienne à la région sous-mentale. Adhérence à la cicatrice, tuméfaction des ganglions avoisinants. Une autre tumeur, située au-dessous, descend dans la région sus-claviculaire jusque derrière l'articulation sterno-claviculaire. Biopsie.

Résultats éloignés : manquent.

Examen histologique. — Cordons cellulaires plexiformes. Ces cordons sont nettement isolés du stroma. Il existe, par places, une cavité centrale dans le cordon. Les cellules sont juxtaposées, sans substance intermédiaire. Noyau volumineux, plusieurs nucléoles. Les cellules situées à la périphérie sont allongées, non stratifiées. Nombreuses mitoses typiques ou atypiques, pluripolaires ou asymétriques. Les cavités des espaces communiquent souvent entre elles et renferment des cellules dégénérées, pas de globules. A la périphérie du boyau, il y a, par places, des cavités tapissées d'un endothélium.

Observation 44 (Perez, 1899). — Homme, 61 ans ; début, sept mois auparavant, par petite tumeur dure au côté droit du cou ; bientôt, apparition d'une tumeur semblable, au côté gauche. Pas de troubles fonctionnels. Tumeur du volume du poing, déprimée en son milieu par le sterno-mastoïdien, dure, mobile, indolore. Tumeur gauche, plus petite, située sous l'angle de la mâchoire, très mobile.

Opération. — La tumeur droite est décortiquée ; grattage d'une matière caséeuse ; la tumeur gauche est adhérente à la veine jugulaire interne, au sterno-mastoïdien. L'ablation complète de l'une et de l'autre tumeurs est impossible. Tamponnement.

Résultats éloignés : manquent.

Examen histologique. — Carcinome plexiforme. Les boyaux cellulaires sont moins nettement séparés du stroma que dans le cas précédent. Cellules arrondies, gros noyau. Par places, disposés en couches concentriques, globes épidermiques.

Observation 45 (Perez, 1899). — Homme, 65 ans ; début, trois mois auparavant, par tumeur de la région carotidienne et douleurs irradiées, vers la région temporale. Tumeur, du volume d'une pomme, dure, peu mobile, très douloureuse, remontant derrière l'angle de la mâchoire ; adhérente au sterno-mastoïdien, qui est superficiel.

Opération (Czerny). — Extirpation ; résection de la carotide et veine jugulaire interne. Czerny n'ose pas enlever un noyau adhérent au vague dans la crainte d'une pneumonie.

Examen histologique. — Comme l'observation suivante.

Observation 46 (Perez, 1899). — Homme, 58 ans ; début, trois mois auparavant, par tumeur située sur le bord gauche du cou ; s'accroît rapidement sans gêne. Tumeur arrondie, du volume du poing ; dure, adhérente aux gros vaisseaux ; immobile dans la déglutition.

Opération (Jourdan). — La tumeur adhère à l'artère carotide externe ; il fallut lier la plupart de ses branches. Résection de la veine jugulaire interne. Résection du nerf grand hypoglosse qui traversait la tumeur.

Résultats immédiats. — Gangrène du pied droit : amputation au-dessus du genou ; gangrène du pied gauche. Récidive sur place. Mort de pneumonie. Autopsie : nodules métastatiques dans le foie ; thrombose des veines iliaques, rénales, de l'aorte thoracique ; abcès du rein ; pyélonéphrite.

Examen histologique. — Boyaux cellulaires plexiformes. On trouve beaucoup de mitoses asymétriques, des vacuoles, des endroits nécrobiotiques, mais peu de couches concentriques. Infiltration abondante de petites cellules sur la périphérie de la tumeur. Pas de ganglions. Les thromboses des vaisseaux ont la structure des métastases ; les cellules présentent les mêmes caractères, la même disposition ; séparées par un stroma

.conjonctif, contenant de petites cellules rondes ; de la fibrine ; beaucoup de globules rouges.

OBSERVATION 47 (PEREZ, 1899). — Homme, 28 ans. Début, six mois auparavant, par une tumeur située sur le côté droit au-dessous du maxillaire inférieur. Elle grossit et s'ouvrit après deux mois, donnant issue à une quantité considérable de pus. La tumeur se reforma ; on l'incisa : il s'écoula du pus. La tumeur augmenta encore. Tumeur arrondie du volume du poing située dans la région sous-maxillaire droite. Adhérence intime au bord inférieur du maxillaire ; pas d'adhérences aux parties molles du plancher buccal. Adhérence étendue à la peau, orifice fistuleux, pas de ganglion.

Opération. — Extirpation ; pas d'adhérences aux gros vaisseaux. La glande sous-maxillaire adhérente est enlevée avec la tumeur. On enlève quelques parcelles du maxillaire. La peau adhérente a été réséquée sur une si grande étendue qu'on fit une autoplastie qui ne tint pas (on avait employé le thermocautère).

Récidive deux mois après.

Nouvelle opération deux mois et demi après la première. La récidive s'est faite dans la cicatrice qui est enlevée. Elle forme un noyau peu adhérent à la veine.

Résultats éloignés manquent.

Examen histologique. — Structure plexiforme typique. Cellules polyédriques de grosseur variable ; pas de ciment interstitiel ; disposition concentrique. Grande infiltration de cellules dans la capsule.

OBSERVATION 48 (PEREZ, 1899). — Homme, 59 ans. Début, six mois auparavant. Douleurs violentes irradiées à l'oreille et tumeur très dure située sur le côté droit du cou.

Opération (CZERNY). — Ablation d'une grande étendue de peau. Résection de la jugulaire interne sur une longueur de 5 centim. Résection du pneumogastrique et de la carotide.

Récidive cinq mois après. Troubles respiratoires. Mort six mois après l'opération.

Examen histologique. — Travées cellulaires longues et anastomosées. Cellules très variables, petites, arrondies, ovoïdes ; grosses polyédriques riches en protoplasma. Vacuoles abondantes dans les cellules ; globes épidermiques. Stroma conjonctif avec cellules arrondies.

OBSERVATION 49 (JOSÉ RIBERA, Madrid, 1899). — Homme, 46 ans. Début, six mois auparavant par une tumeur siégeant à droite au niveau de la grande corne de l'os hyoïde. Pas de troubles fonctionnels. Actuellement, tumeur allongée suivant la direction du sterno-mastoïdien. Remonte jusqu'au-dessus de l'angle de la mâchoire. Descend jusqu'à la région sus-claviculaire. Dilatation des veines superficielles ; pas d'adénopathie.

Opération. — Le sterno-mastoïdien est envahi. Résection de 8 centim. de la veine jugulaire interne confondue avec tumeur. Dissection pénible des carotides et du pneumo-gastrique.

Résultats immédiats : guérison.

Résultats éloignés : manquent.

CONCLUSIONS

I. — Le cancer branchial est la tumeur développée aux dépens des restes embryonnaires inclus lors de la régression des arcs branchiaux.

Cette affection a été décrite pour la première fois par Volkmann en 1882. Mais il convient de lui rattacher nombre de tumeurs publiées sous le nom d'épithélioma primitif des ganglions du cou, cancer des vaisseaux, cancer des glandes salivaires aberrantes, etc.

Ces tumeurs s'observent presque exclusivement dans le sexe masculin. Elles sont beaucoup plus fréquentes chez l'adulte et le vieillard.

Elles peuvent être primitives ou secondaires. Dans ce cas l'affection est le résultat de la transformation maligne d'un kyste dermoïde ou mucoïde, d'une fistule congénitale, d'une tumeur mixte primitive.

Le cancer branchial a tous les symptômes d'un épithélioma secondaire des ganglions du cou. Le malade reconnaît par hasard la présence d'une tumeur petite, mobile, située au voisinage de la grande corne de l'os hyoïde. Bientôt la tumeur est le siège de douleurs plus ou moins vives, localisées ou irradiées. Elle envahit les plans avoisinants, s'ulcère. A un stade avancé elle s'accompagne toujours de troubles de la déglutition et de la respiration. Le malade meurt de cachexie cancéreuse s'il n'est pas entraîné rapidement par asphyxie, par ulcération de la carotide ou par une intervention malheureuse.

La durée moyenne est de six mois à deux ans.

Il est très rare que l'extirpation chirurgicale soit assez complète pour mettre à l'abri d'une récidive.

Ces tumeurs au début sont encapsulées; bientôt elles envahissent tous les organes avoisinants. Il est curieux de voir qu'elles adhèrent presque toujours à la veine jugulaire interne, souvent au sterno-mastoïdien, quelquefois à la carotide, très tardivement à la peau et jamais au plancher buccal.

La généralisation est tout à fait exceptionnelle.

II. — Au point de vue histologique, ces tumeurs sont remarquables par leur polymorphisme. Elles sont comparables aux tumeurs mixtes parabuccales; on y observe très souvent des globes épidermiques.

Ce sont des tumeurs épithéliales en raison du groupement des cellules, de leur dégénérescence.

Mais elles ressemblent au sarcome par la disposition plexiforme des travées cellulaires, par la présence de cartilage ; on observe par places l'aspect caractéristique des endothéliomes ; les cellules épithéliales semblent se transformer en myxome.

Il semble que ce soient des tumeurs mixtes au sens absolu du mot.

Le point de départ de ces cancers est difficile à préciser :

a) Ils ne peuvent prendre naissance dans les ganglions lymphatiques qui ne sauraient engendrer des épithéliomas.

b) Il est difficile de rejeter l'origine thyroïdienne ou thymique, car il n'y a pas de caractères histologiques propres du cancer branchial. Il n'existe pas de démarcation possible entre ces tumeurs et le cancer thyroïdien. Mais l'anatomie nous apprend qu'on n'a jamais décrit de corps thyroïde ou de corps thymique aberrants dans les points qui sont le lieu d'élection du cancer branchial.

c) C'est pour la même raison qu'on ne peut donner une glande salivaire aberrante comme point de départ des épithéliomas branchiaux du cou quoique ces tumeurs soient absolument analogues à certains cancers de ces glandes.

d) La glandule carotidienne est d'origine mésodermique et ne produit que des endothéliomes.

e) L'origine branchiale se trouve démontrée par exclusion. Elle rend compte de toutes les particularités de ces tumeurs. Elle en explique la complexité histologique, car le cancer branchial peut être produit par tous les éléments de l'arc branchial. Ce sont des *branchiomes* de la région cervicale.

J'ai étudié l'inclusion des téguments ; j'ai vu comment se fermait la première fente branchiale ; comment les 3e et 4e arcs étaient inclus sous l'arc hyoïdien.

La connaissance de ces débris tégumentaires, l'étude de leur situation nous permettent de comprendre sous un même titre les tumeurs qu'ils forment : (tumeurs mixtes parabuccales, tumeurs du médiastin, épithéliomas branchiaux du cou.....). Ce sont les variétés des branchiomes.

INDEX BIBLIOGRAPHIQUE

Albarran. — Anat. pathol., pathogénie et quelques points de clinique des kystes des mâchoires. *Rev. de chir.*, 1888, p. 429 et 716.

Ambrosini. — *De l'épithélioma primitif du thymus.* Th. Paris, 1894.

Ammon. — *Ueber das branchiogene Carcinom.* Th. inaug., Erlangen, 1891.

Arndt. — Ein cancroid der pia mater. *Virchow's Archiv*, 1870, t. LI, p. 425.

Arnold. — Ueber Teilungsvorgänge an den Leucocyten. *Virchow's Archiv*, 1887, t. XXX, p. 279.

— Ein myxosarcom telangiectasic cistic. *Virchow's-Archiv*, 1870, t. LV, p. 441.

Arrou. — Article : Cou, *Traité chirurg.* (LE DENTU et DELBET), 1898, p. 748.

Barker. — Kyste accessoire de la thyroïde. *London path. Soc.*, 7 janvier 1896.

Barthe. — Tumeur fibro-kystique du cou. *Med. Times*, 1874, p. 510, 532.

Beckmann. — *Ueber ein Fall congenitaler Knorpelreste am Halss.* Th. Munich, 1897.

Berger. — Épithéliome branchiogène et épithélioma aberrant de la thyroïde. *Cong. chir.*, 1897, séance du 18 oct., *comptes rendus*, p. 15.

— Tumeurs mixtes du voile du palais. *Rev. chir.*, 1897, t XXVII, p. 361, 470, 551.

— Sarcome mélanique primitif des ganglions cervicaux. *Soc. chir.*, 1897, t. XXVII, p. 526.

Bergeron. — *Tumeurs ganglionnaires du cou.* Th. agrég., Paris, 1872.

Billroth. — Beobachtungen ueber Geschwulste der speicheldrusen. *Virchow's Archiv*, 1895, t. XVII.

Birch-Hirschfeld. — Zur cylindromfrage. *Arch. d. Heilk.*, t. XVII.

Blache. — Épithélioma de la région cervicale. *Bull. Soc. anat.*, 1865, p. 177.

Boccasso. — Un neuroma plessiforme nel dominio del nervo grande hypoglosso. *Giornale della Academia di Torino*, 1896, p. 187.

Bottini. — Die Chirurgie des Halses. *Deutsche Ausgabe*, Hirzel, Leipzig, 1896.

Bœkel. — Extirpation des tumeurs profondes du cou. *Bull. gén. de thérap.*, 1879.

— Extirpation d'une tumeur enchondromateuse avec blessure de la carotide. *Soc. méd. de Strasbourg*, 6 mars 1862.

Bormann. — Blutcysten an der Seitenfläche des Halses. *Med. Obosren enje*, mai 1897. — Analysé in *Cent. f. Chir.*, 1897, p. 1274.

Bosc et Jeaubrau. — Recherches sur la nature histologique des tumeurs mixtes para buccales. *Archives prov. de médecine*, 1899, nᵒˢ 5 et 6.

Bourdon. — Tumeur adénoïde de la région sous-maxillaire. Kyste hématique. *Soc. anat.*, 6 oct 1871. BERGERON. Th. agrég., 1872, p. 17.

Bourdon et Verneuil. — Carcinome primitif des ganglions du cou. *Soc. anat.*, 1872, p. 310.

Brault. — Sur le développement des épithéliomas d'origine ectodermique et en particulier sur les modifications des cellules qui les constituent. *Presse méd.*, 1894, nᵒ 28.

Brault. — *Le pronostic des tumeurs basé sur la recherche du glycogène.* Monog. clinique, n° 15. Masson, Paris 1899.

Brintet. — *Contribution à l'étude des carcinomes branchiogènes.* Th. Montpellier, 1898.

Broca. — Article : Malformations congénitales de la face et du cou. *Traité chir.*, DUPLAY et RECLUS, 1re édit., t. III, p. 53.

Bruch. — *Diagnostic der bösartigen Geschwülste.* Mainz, 1847.

Bruns. — Das branchiogene Carcinome des Halses. *Beit. z. klin. Chir.*, 1884, t. I, p. 371.

Bufnoir et **Milian.** — Épithélioma pavimenteux du corps thyroïde. *Soc. anat.*, 1898, p. 252.

Cazin. — De la spécificité cellulaire dans les cancers épithéliaux. *Ass. franç. pour l'avanc. des sciences*, 1893. *Sem. méd.*, 1893, p. 404.

Chambard. — Note sur un cas de cancer primitif de la peau. *Trav. du Lab. d'hist. du Collège de France*, 1879-80, p. 99, 122. Pl. IV.

— Du carcinome primitif des ganglions lymphatiques. *Rev. mens. de méd. et chir.*, 1880, n° 2, p. 81.

— Nouvelle contribution à l'étude du carcinome des ganglions lymphatiques. *Prog. méd.*, 1889, n° 22, p. 405.

Cipriani Giuseppe. — Goitre accessoire. *A Morgagni*, 1899, 1re partie, n° 5, p. 330.

Colrat et **Lépine.** — Note sur un cas de carcinome primitif ganglionnaire. *Rev. mens. de méd. et chir.*, 1878, n° 5.

Conheim. — *Vorlesungen ueber allgemeine pathologie*, t. I, 1882.

Cornil. — Sur le développement de l'épithélioma du corps thyroïde. *Arch. de phys.*, 1875, 2e série, t. II, p. 659 et pl. XXI.

Cornil et **Ranvier.** — *Manuel d'anat. pathologique*, t. I, p. 48.

Cunéo et **Victor Veau.** — Contribution à la pathogénie des tumeurs mixtes parabuccales. *Cong. intern.*, 1900, sect. Chirurgie.

Curling. — Cas intéressant de cancer des glandes du cou (40 ans) primitif. *Med. Times*, 1861, t. II, p. 175.

Curtis et **Phocas.** — Contribution à l'étude des tumeurs mixtes de la parotide. *Arch. prov. de méd.*, t. I, 1899, fasc. 1, p. 1.

Cusset. — Étude de l'appareil branchial. *Cong. chir.*, 1886. — *Rev. de chir.*, 1886, p. 926.

Czerny. — Plexiform et myxosarcom aus orbita. *Arch. klin. Chir.*, 1869, t. II, p. 234.

Decloux. — *Les polypes dermoïdes du pharynx.* Th. Paris, 1900.

Defontaine. — Énorme tumeur palatine. *Arch. prov. de chir.*, t. II, 1er avril 1893, n° 4, p. 249.

Deheler. — Beitrag zur Kenntniss der sogen tiefen Atheromcysten am Halse. *Beit. z. klin. Chir.*, 1898, t. XX, fasc. 2, p. 545.

Delagenière. — Fistule congénitale du cou. Rapport JALAGUIER. *Soc. chir.*, 21 déc. 1898. — *Bull.*, p. 1141.

Diriani. — Les tumeurs de la glande sous-maxillaire. *Rev. veneta di sc. med.*, juillet 1899.

Dolbeau. — Des tumeurs cartilagineuses de la parotide et de la région parotidienne. *Gaz. hebd.*, 1858.

Duclaux. — Carcinome et sarcome. Revue critique. *Annales de l'Institut Pasteur*, 1888, p. 84.

Dunlop. — Kyste sanguin du cou (ablation). *Med. Times*, 26 févr. 1876, p. 228.

Duplay. — Tumeur ganglionnaire de la région cervicale. Leç. clinique. *Prog. méd.*, 7 oct. 1876.

— Tumeur cancéreuse ganglionnaire du cou. Leç. clinique. *Prog. méd.*, 21 juillet 1877.

Eberth. — Zur Entwickelung des Epitheliums. *Virchow's Archiv*, 1870, t. XLV, p. 51.

Eckardt. — Ueber Endothelial Eierstocktumoren. *Zeitsch. j. Geburtshülfe und Gynäk.*, t. XVII, fasc. 2.

Eigenbrodt. — Branchiogene Carcinome .*Verhandlung der Deutschen Gessellschaft f. Chir.*, 1894.

Eisenmenger. — Auf die plexif. sarcom des harten und weichen Gaumens. *Deuts. Zeit. f. Chir.*, 1894, t. XXXIX, p. 1.

Ewetzky. — Zur cylindromfrage. *Virchow's Archiv*, 1876, t. LXIX, p. 36.

Fabre-Domergue. — *Les cancers épithéliaux*. Paris, Carré et Naud, 1898.

Farabeuf. — Tumeur veineuse de la région latérale du cou. Rapp. *Soc. chir.*, 3 mai 1882, p. 340.

Ferrari. — *Cont. à l'étude des glandules para-thyroïdiennes*. Th. Genève, 1897.

Fischer. — Pathologie du thymus. *Arch. f. klin. Chir.*, 1896, t. LII, p. 313.

Fœrster. — *Supplément à l'atlas d'anatomie pathologique microscopique*, 1856, p. 47-51, pl. 30.

Fonnegra. — *Des épithéliomes glandulaires enkystés du voile du palais*. Th. Paris, 1883.

Friedreich. — Zur Casuistik der Neubildungen. *Virchow's Archiv*, 1862, t. XXVII, p. 377.

Furstenheim. — Tumeur congénitale cartilag. du cou provenant d'un arrêt de développement de la 2e fente branchiale. *Berl. klin. Woch.*, 1er avril 1895, n° 15, p. 286.

Gassaud. — Enchondrome des ganglions du cou. *Gaz. hôpit.*, 1864.

Gilette. — Article Cou (pathologie), *Dict.* DECHAMBRE.

Gorré. — Tumeur cancéreuse du cou adhérente à la veine jugulaire interne. *Gaz. hôp.*, nov. 1842, n° 133, p. 620.

Groschuff. — Ueber die Entwickelung der Nebendrüsen des Schilddrüse. *Anat. Anz.*, t. XII, 20 nov. 1896, n° 21, p. 497.

Gussenbauer. — *Beit. z. Kenntnis des branchiogenen Geschwulste*, Fetschrift. TH. BILROTH, 1892, p. 250.

Gutmann. — *Zur Entwickeluny der sogenanten branchiogenen Carcinome*. Th. Berlin, 1883.

Guyon. — Étude sur les fibromes aponévrotiques. *Bull. Acad. méd. de Paris*, 1877, n° 21.

Hansemann. — Ueber asymetrische Zellentheilung in Epithelkrebsen. *Virchow's Archiv*, 1890, t. CXXIV.

— Ueber pathologische mitose. *Virchow's Arch.*, 1891, t. CXXV.

Hauser. — *Das cylinderepihelcarcinom des Magens und Dickdarms*. Iena 1890.

Hayem. — Note sur un cas de tumeur ganglionnaire comprimant la trachée. *Gaz. hebd. méd. et chir.*, 8 fév. 1865, n° 6, p. 85.

Heinsberg. — Contribution à l'étude du développement et de la nature des tumeurs salivaires buccales. *Deut. Zeit. f. Chir.*, 1899, Bd. 11, H. 3,4, p. 281.

Henle. — Ueber das siphonom. *Zeitsch. f. ration. med.*, 1865, t. III, p. 130.

Hippel. — Beit. zur casuistik der Angiosarcom. *Zeigler's Beit. z. path. anat.*, 1893, t. XIV, p. 370.

His. — Développement des arcs branchiaux. *Arch. f. Anat.*, 1886, 1887, 1889, 1891..

Hofert. — *Ueber malignes cervixadenom.* Th. Munich, 1897.

Hoffmann. — Eine Mischgeschwulst des harten Gaumens. *Arch. f. klin. Chir.*, 1889, t. XXVIII, p. 98.

Honsell. — Ueber gutartige metastasirende Strumens. *Beit. z. klin. Chir.*, 1899, t. XXIV, p. 112.

Hveter. — Kyste sanguin de la région latérale du cou. *Berlin. klin. Woch.*, 1877, n⁰ 32, p. 666.

Huguier. — Tumeur de la région cervicale appuyée sur les vaisseaux carotidiens. *Soc. Chir.*, 25 janv. 1854.

Humbert. — *Des néoplasmes des ganglions lymphatiques.* Th. agrég, 1878, p. 108 et 118.

Jawdynsky. — Un cas de cancer primitif du cou. *Gaz. Lek.*, 1888, t. VIII, p. 25-27.

Jones et Thomas. — Adénome du corps thyroïde et thyroïde accessoire kystique. *Lancet*, 10 nov. 1894, p. 1087.

Jouliard. — *Cancer de la glande sous-maxillaire.* Th. Paris, 7 mars 1888, n⁰ 141,

Kalindero. — Tumeur épithéliale de la région carotidienne. *Bull. Soc. anat.*, avril 1865, p. 273.

Kamm. — *Die siphonamata vesicæ.* Wurtzbourg, 1848.

Kapsammer. — Goitre kystique aberrant. *Wien. klin. Woch.*, 1899, n⁰ 17, p. 461.

Kaufmann. — Das parotidisarcom. *Arch. f. klin. Chir.*, 1881, t. XXVI, p. 673.

Kirmisson. — *Traité des maladies chirurgicales d'origine congénitale.* Paris, Masson, 1898, p. 166.

Klapp. — Zur casuistik der dermoiden der Mundbodens. *Beit. z. klin. Chir.*, 1897, t. XIX, fasc. 3, p. 609.

Klebs. — Ueber das Wesen und die Erkennung der Carcinombildung. *Deut. med. Woch.*, 1890.

Kolaczeck. — Ueber das Angiosarcom. *Deut. Z. f. Chir.*, 1878, t. IX, nᵒˢ 1 et 8.

König. — *Lehrbuch der specielle Chirurgie*, 1893, t. I, p. 541.

Kostanecki et Mielecki. — Die Angeborenen Kiemenfisteln. *Arch. f. path., anat. phys.*, 1890, t. LXXII, p. 63.

— Die angeborenen Kiemenfisteln. *Virchow's Archiv*, 1890, t. CXX, p. 386; t. CXXI, p. 55 et 247.

Köster. — Cancroid mit hyaliner Degeneration. *Virchow's Archiv*, 1867, t. XL, p. 468.

Krecke. — Du goitre intra-thoracique. *Munch. med. Woch.*, 22 février 1898, p. 233.

Küttner. — Die Geschwulste der Submaxillar speideldruse. *Beit. z. klin. Chir.*, 1896, t. XVI, p. 481.

Landel. — *Recherches sur les caractères micro-chimiques du mucus.* Th. Paris, 1897.

Langenbeck. — Beit. z. chirurgischen Pathologie der Venen. *Arch. f. klin. Chir.*, 1861, t. I, p. 1 ; obs. 14, p. 73 ; obs. 15, p. 77.

Lannelongue et **Achard**. — *Traité des kystes congénitaux*, Paris, 1886.

Larabrie (de). — Recherches sur les tumeurs mixtes des glandes salivaires. *Arch. gén. de méd.*, 1890, 7e série, t. XXV, p. 537, et t. XXVI, p. 34.

Larrey. — Du goitre lymphatique squirrheux des glandes lymphatiques. *Clin. de chir.*, Paris, 1830.

Le Dentu. — Enchondrome de la parotide. *Gaz. des hôpit.*, 1891, n° 29.

— Tumeur maligne primitive des ganglions lymphatiques. *Leç. de chir.*, 1892, p. 97.

Lejars. — Article : Ganglion. *Tr. de chir.* (DUPLAY et RECLUS), 1re édit., t. I, p. 740.

— Fistule branchiale à parois complexes. *Prog. méd.*, 13 fév. 1892.

Lessarew. — Sur un cas de kyste sanguin sur la partie latérale du cou. *Podwyssocki's*, 1897, t. III (en français).

Letulle. — Néoplasmes primitifs du médiastin antérieur. *Sem. médic.*, 18 sept. 1887, n° 40, p. 355.

— Cancer primitif de la glande thyroïde. *Presse méd.*, 1894, n° 34, p. 269.

— Thymus et tumeur maligne primitive du médiastin antérieur. *Arch. gén. de méd.*, déc. 1890.

Lœvy et **Lœper**. — Tumeur fibreuse du cou. *Soc. anat.*, 1899, p. 1104.

Lœwenbach. — Beit. z. Kenntniss der Geschwulste der Submaxillar speicheldruse. *Virch. Arch.*, 1897, p. 73.

Lubarsch. — Hyperplasie und Geschwulste. *Erg. der allg. path. morph. und phys. der Menschen und thiere*, 1895.

Lucke. — Ueber atheromcysten der lymphdrusen. *Arch. f. klin. chir.*, t. I, p. 356.

Lucken. — Ueber angio-sarcom. *Deut. med. Woch.*, 1891, t. VII, n° 40.

Lusena. — Cisti ad epithelio cigliato in glandole paratiroidee esternœ. *Anat. anz.*, 12 sept. 1898, t. XV, n° 4, p. 52.

Maddelung. — Mediane laryngocele. *Arch. f. klin. Chir.*, 1890, t. XL, p. 630.

Malassez. — Sur le cylindrome avec envahissement myxomateux. *Arch. de phys.*, 1883, p. 123, 187. 476 ; pl. II, III et V.

— Kystes radiculaires et leur origine paradentaire. *Arch. de phys.*, 1885, t. V, p. 309 ; t. VI, p. 379.

Malinowsky. — Néoplasme du ganglion carotidien. *Soc. phys. de Kiew*, 18 nov. 1897.

Marçais. — *Lipome diffus du cou et de la nuque*. Th. Paris, 1894.

Marfan. — Kyste dermoïde du médiastin antérieur. *Gaz. hebd.*, août 1891, p. 394, *Soc. anat.*, août 1891.

Marignac (de). — Enchodrome primitif de la glande sous-maxillaire. *Bull. Soc. anat.*, janv. 1897, p. 57.

Marsch. — Kyste congénital du cou. *Brit. med. journ.*, 1898, n° 1959, p. 561.

Marwedel. — Statistique de la clinique de Heidelberg pour 1897. *Beit. z. klin. Chir.*, 1899, t. XXIV, supplément, p. 61.

Mayer. — Beitr. z. cylindromfrage. *Ebenda.*, 1858, t. XIV, p. 270.

Meyer. — *Ueber blutcysten des Halses*. Th. Wurtzbourg, 1889.

Munker. — Cas rare de kératose du cou. *Ungar med. Pres.*, 1898, n° 44, p. 1050.

Muzio. — Sopra un casso du struma colloidee alla regione glutea. *Giorn. dell. Acad. di Torino*, 1897, p. 156.

Nasse. — Die geschwulste der Speichel drusen. *Arch. f. klin. ch.*, 1892, t. XLIV, p. 233.

Neelsen. — Untersuchungen ueber den Endothelkrebs. *Deut. Arch. f. klin. med.*, 1887, t. XXXI, p. 475.

Nicaise. — *Epithélioma primitif des ganglions du cou.* Th. agrég., HUMBERT, 1878, p. 118.

Nieny. —Zur Pathologie und Therapie der Halskiemenfisteln. *Beit. z. klin. chir.*, 1899, t. XXIII, fasc. 1.

Paci. — Énorme myxsarcome du cou et du thorax. *Lo Sperim.*, mars 1876.

Paltauf. — Ueber geschwulste der glandula carotica. *Zeigler's Beit. z. path. anat.*, 1892, t. XI, fasc. 2, p. 260.

Panas. — Des signes de la compression du grand sympathique par les tumeurs du cou. *Soc. chir.*, 1865, t. VI, p. 363.

Paviot et **Gerest.** — Epithélioma primitif du thymus. — Valeur des corps concentriques. *Arch. de méd. expérim.*, 1896, p. 606.

Perbin. — Tumeur ganglionnaire du cou sous-sterno-mastoïdienne. *Soc. méd. d'émul.*, Paris, 7 janv. 1860.

Perez. —Ueber die branchiogenen carcinome. *Beit. z. klin. Chir.*, 1899, t. XXIII, fasc. 3, p. 595.

Perret. — Cancers primitifs des ganglions. *Lyon médical*, 1885, n° 1, p. 5.

Perrochaud. — *Recherches sur les tumeurs mixtes des glandes salivaires.* Th. Paris, 1885.

Petit. — *Les kystes thyro-hyoïdiens.* Th. Paris, janvier 1901.

Planteau. — *Contribution à l'étude des sarcomes de la parotide.* Th. Paris, 1876

Plauth. — Ueber cystadenoma papilliferum des Halses. *Beit. z. klin. Chir.*, 1897, t. XIX, p. 335.

Pilliet. — Kystes dermo-lymphoïdes. *Soc. anat.*, 1889, p. 381.

— Sur les glandes closes du cou et leur rôle dans la production des tumeurs cervicales. *Trib. méd.*, 9 août 1894.

Pitance. — *Tumeurs mixtes du voile du palais.* Th. Paris, 1897.

Poland. — Carcinome des glandes du cou. *Med. Times*, 1864, t. II, p. 541.

Poncet et **Berard.** — De la forme dite ganglionnaire du cancer du pharynx. *XIII⁰ Cong. fr. de chir.*, 1889.

Ponsot. — *Tumeurs de la glande sous-maxillaire.* Th. Lyon, 1894.

Pozzi. — Chondrome primitif d'un ganglion sous-maxillaire. *Soc. anat.*, 1872, p. 251.

Prenant. — Développement des parathyroïdes et de la glande carotidienne. *La Cellule*, 1894, t. X, fasc. 1, p. 87.

Pupovac. — Ein Fall von teratoma colli. *Arch. f. klin. Chir.*, 1896, t. LIII, fasc. 1, p. 59.

— Ein Beit. der sogen Endotheliom. *Deut. Zeit. f. Chir.*, 1898, p. 77.

Putiata Raissa. — *Du sarcome des ganglions lymphatiques.* Th. Berne, 1876.

Quarry-Sylcock. — Cystic epitheliom of the Neck. *Brit. med. Journ.*, 1887, 18 mars, p. 620.

Quénu. — *Des arcs branchiaux chez l'homme.* Th. agrég., Paris, 1888.

Quénu et **Laudel.** — Etude d'un cancer du rectum à cellules muqueuses. *Ann. de microg.*, avril 1897.

Quervain (de). — Ueber die Fibrome des Halses. *Arch. f. klin. Chir.*, 1899, t. LVIII, fasc. 1, p. 1.

Quintrie. — Epithélioma ganglionnaire du cou. *Journ. de méd. de Bordeaux*, 31 juillet 1898, p. 368.

Rabl. — Zur Bildungsgeschichte. *Prager med. Woch.*, 1886-1887.

Recklinghausen. — Sur l'angio-sarcome. *Arch. f. Opht.*, 1864, t. X, p. 190.

Reclus. — Angiome caverneux communiquant avec la jugulaire interne. *Soc. chir.*, 3 mai 1882, p. 340.

Regnault. — Die malignen tumoren der gefässcheide. *Arch. f. klin. Chir.*, 1887, t. XXXV, p. 50.

Rembach. — Des goitres rétro-viscéraux. *Beit. z. klin. Chir.*, t. XXI, p. 365.

Rendu. — Épithélioma des ganglions du cou. *Soc. anat.*, août et octobre 1869, p. 206.

Reverdin et **Mayor.** — Épithélioma pavimenteux lobulé branchiogène. *Rev. méd. Suisse romande*, 1883, p. 162.

Ribbert. — Sur la karyokinèse asymétrique. *Deut. med. Woch.*, 1891, p. 1187.

Richard. — Ueber die geschwulste der Kiemenfalten. *Beit. z. klin. Chir.*, 1888, t. III, p. 165.

Rieffel. — Affections congénitales de la région sacro-coccygienne. *Tr. de chir.* (DUPLAY et RECLUS), 2ᵉ édition, t. VII, p. 131

Rindfleisch. — *Lehrbuch der pathol. histologie*, 1867-1869.

Ritter. — Un fibro-sarcome particulier du cou. *Wirchow's. Archiv*, 1899, p. 329.

Rivière. — *Contribution à l'étude anatomique du corps thyroïde et du goitre.* Th. Lyon, 1893.

Roche. — Sur une forme rare du kyste sanguin chez une petite fille de 18 mois. *Arch. gén. de méd.*, avril 1877, p. 486.

Rodriguez. — *Contribution à l'étude des sarcomes de la parotide.* Th. Paris, 1890.

Rohrbach. — Ueber Gehirnerweichung nach nolirter Unterbindungen v. jugularis. *Beit. z. klin. Chir.*, 1896, t. XVII, fasc. III, p. 811.

Salinier. — *Tumeur du cou, asphyxie.* Th. Paris, 1876.

Santi (de). — Un cas de tumeur para-thyroïdienne. *Brit. med. journ.*, 14 oct. 1899, n° 2024, p. 1003.

Sattler. — *Ueber die sog. cylindrom.* Th. Berlin, 1874.

Schaaper. — Sur les corps épithéliaux para-thyroïdien et la glande carotidienne. *Arch. f. Mikr. anat.*, 1895, t. XLVI, fasc. 2.

Scheffer. — Cysto-sarcome de la parotide. *Gaz. méd. de Strasbourg*, 1ᵉʳ févr. 1887.

Schede (Max). — Ueber die tiefen atherome des Halses. *Arch. f. klin. Chir.*, 1872, t. XIV, p. 1.

Shaw. — Tumeur sarcomateuse du cou. *Lancet*, 1844, p. 106.

Sheaf. — Lympho-sarcome de la glande sous-maxillaire. *Lancet*, 1877, p. 864.

Siegenbeck. — Ueber Intercellulargebilde an Carcinomen. *Cent. f. allg. pathol.*, 1890, n° 22.

Steinhaus. — De l'éléidine dans les cancers perlés. *Arch. f. path. anat.*, 1892, t. LXXIX, p. 1.

Stendener. — Beit. zur Ontologie. *Etenda*, 1868, t. XLVII, p. 39.

Stilling. — *Du ganglion inter-carotidien.* Rec. inaug. de l'Univ. de Lausanne, 1892.

Stilwel. — Infiltration cancéreuse des glandes lymphatiques et du tissu cellulaire du cou. *Med. Times*, 1858, t. I, p. 343.

Stoicesco. — Cancer des ganglions du cou propagés au larynx. *Soc. anat.*, avril 1873, p. 296.

Streub. — Zur Kenntnis der cellularermorphologie. *Beit. z. pathol. anat.*, 1891, t. II, p. 1.

Sultan. — Zur Kenntnis des Halscysten und, fisteln. *Deut. Zeits. f. Chir.*, t. XLVII, fasc. 2-3, p. 113.

Tailhefer. — Inflammation chronique primitive cancériforme de la glande thyroïde. *Rev. chir.*, 1898, p. 526.

Talazac. — *Tumeurs de la glande sous-maxillaire.* Th. Paris, 1869.

Tesnière. — Extirpation d'une tumeur carcinomateuse du cou. *Recueils des mém. de médecine militaire*, 1842, t. XXXI, p. 302.

Tétu. — Tumeur squirrheuse sur le trajet des vaiss. jugulaires. *Mém. de méd. et chir. mil.*, 1842, t. XXXI, p. 289.

Tillaux. — *Traité de chirurgie clinique*, t. I.

Tillmanns. — Beit. z. d. Lehre der sarkomen (etc.), v. *Arch. de Heilk.*, 1873, t. XIV, p. 530.

Treiberg. — Zur kasuistik. des primæren. Halscarcinom. *Vratch.*, 1883, n° 9, p. 129.

Treves. — Malignant cysti. of the Neck. *Trans. of the path. Soc. London*, 1887, t. XXXVIII, p. 360.

Victor Veau. — Les kystes thyro-hyoïdiens. *Gaz. des hôpitaux*, 1901.

— Les épithéliomas branchiaux du cou. *Rev. de chir.*, 10 mars 1900.

Victor Veau et B. Cuneo. — Contribution à la pathogénie des tumeurs mixtes parabuccales. *Cong. intern.*, 1900. Sect. de chirurgie.

Verdun. — *Développement des para-thyroïdes.* Th. Toulouse, 1897.

Vermorel et Thiroloix. — Épithél. pavimenteux lobulé du thymus. *Soc. anat.*, 1894, p. 702.

Verneuil. — Discussion sur le lympho-sarcome malin du cou. *Soc. chir.*, 16-23-30 mai 1877.

Viscaro. — *Des tumeurs ganglionnaires du cou.* Th. Paris, 1852.

Volkmann (Richard). — Das tiefe branchiogene Halscarcinom. *Cent. f. chir.*, 28 janv. 1882, fasc. 4, p. 49.

Volkmann (Rudolf). — Ueber endotheliale Geschwulste. *Deut. Zeitsch. f. chir.*, 1895, t. XLI, p. 1.

Waldeyer. — Die Entwickelung der carcinoma. *Virchow's Archiv*, 1872, t. LV, p. 67.

Walravens. — Tumeur peu ordinaire du cou chez un enfant de 14 mois. *Soc. belge de chir.*, 15 janv. 1899, p. 359.

Walther. — Article : Cou. *Tr. chir.* (DUPLAY et RECLUS), 1ʳᵉ édit., 1891, p. 762.

West. — Tumeur fibro-kystique du cou. *Lancet*, 1874, p. 539.

Wilhelmy. — *Beit. zur Lehre von den Cylindromen.* Th. Fribourg, 1894.

Willy Sachs. — *Ueber angeborene Halsfisteln und geschwulste.* Festch. KOCHER. (Bern), 1891, p. 70.

Wyhe (van). — Ueber das mesodermsegment und die Entwickelung der nerven.. *Verh. d. konink. Akad. van welenschappen.*, Amsterdam, 1883.

Wœlfler. — Entwickelung, Bau der Schilduse. *Arch. f. klin. chir.*, 1883.

Wolfl. — Kyste sanguin du cou communiquant avec la jugulaire. *Berl. klin. Woch.*, 1884, n° 4, p. 60.

Wood. — Ablation d'une énorme tumeur fibro-glandulaire du cou. *Med. Times.*, 1865, t. II, p. 468.

Zeigler. — *Traité d'anat. pathologique microscopique.* (Édition française.)

TABLE DES MATIÈRES

IMPRIMERIE A.-G. LEMALE, HAVRE

IMPRIMERIE A.-G. LEMALE, HAVRE